神奇的发明

古人比我们更超前

[英] 詹姆斯·M. 拉塞尔 著
（JAMES M. RUSSELL）

鲁晨鹏 译

PLATO'S ALARM CLOCK

And Other Amazing Ancient Inventions

北京时代华文书局

序 言

置身现代社会，我们总认为自己十分聪明。我们拥有了互联网、掌握了令人惊奇的医学技术、实现了在太空飞行，以及出现了无人自动驾驶汽车，它们都证明了这一点。然而，如果有一天我们被困在一座荒岛上，那么，我们大都不知道该怎样生火或捕鱼，更别提重新拥有我们赖以生存的各种非凡的技术了。

事实是，我们并不一定比我们的祖先聪明。我们只是累积了几个世纪以来的技术进步，并依赖于此而已。许多古人其实比我们想象的情形更超前——许多新近的发明其实在几个世纪以前就已被发明，只是被人遗忘了而已。现代物品和机器，在很大程度上都依赖于古代发明，比如纸张、操纵杆和齿轮；并且，许多日常用品比我们想象的情形要久远得多，比方说，阿兹特克人会制作口香糖，石器时代人们会施行脑外科手术，中国人会织造丝绸、制造火药，卫生纸和威士忌也流传了数千年。

更不要说那些我们不再掌握或超越现代知识的古老技术了。我们已不知道如何制造大马士革钢了——它曾是世界上最硬的金属。我们不知道玛雅人是如何制作抗风雨的颜料的，我们也不知道希腊火的秘密——一种令人生畏的、神秘的、能在水中燃烧的拜占庭帝国化学武器。

本书收集了世界上几个世纪以来上百种古代物品、发明和科技突破的故事。从第一架望远镜到十字弓的发明，从伊特鲁里亚假牙到早期的中国机械钟，这些都是穿越时空的迷人一瞥。由此，我们领略到了超出想象的古代技术上的先进与高深。

目录

第一章
日常生活用品发明

第二章
机械与工业技术发明

第三章

未解的古代发明

第四章

军事发明

第五章

医疗发明

第六章

推动科技进步的发明

第一章

日常生活用品发明

历法

发明地：苏格兰

时间：公元前 8000 年

有史以来，人类就被天空及其中最著名的两位住客——太阳和月亮深深吸引。由此，我们长期跟踪观测这两个天体的变动情况也就成了最自然的事。昼夜流转，月缺月圆，都有一个明显的变化周期。对狩猎采集者或早期的农民来说，了解一年中的四季交替也就极其重要。

要从各种不同的度量中理出些头绪很不容易。比如，每个回归年中的农历月数不尽相同，而 12 个农历月加起来大约为 354 天。这意味着你得想办法把“缺失的日子”给补回去，否则，你就只能眼看着年份和季节间的对应关系渐渐偏移。说到这儿，你甚至还没有开始考虑闰年带来的问题呢！

早在青铜时代①之前，人类就已经开始使用不同种类的历法了。在约五千年前的苏美尔文明②、埃及文明及亚述文明中就有关于历法系统的文字记载。

最近，在位于苏格兰阿伯丁郡的克雷斯城堡的一块场地里，一项考古发现告诉我们，历法的出现可能远早于这些时代。这个考古现场有 12 个为一组的一系列地穴。这些深埋的地穴早在 1 万年前就已经存在了。它们不仅展示了月相的变化，似乎还记录着农历月份的更替，甚至还和仲冬的日出相吻合。这让发明它们的狩猎采集者可以精确地开始每一个新年，也让年份和四季一一对应。这些地穴的存在，说明在农业社会前的中石器时代，生活在这一地区的人类有着高超的理解能力和复杂的思维能力。负责考古现场科学分析的学者文斯·加夫尼表示：“这是走向创造时间系统进而构建历史本身的重要一步。”

注释

① 青铜时代，约公元前 4000 年至公元初年，以使用青铜器为标志。

② 苏美尔文明，发源于今伊拉克东南部幼发拉底河和底格里斯河下游的苏美尔，可大致分为两个阶段：从公元前 3200 年到古巴比伦帝国建立（公元前 18 世纪），被称为“苏美尔文明”；从古巴比伦帝国建立到波斯帝国灭亡（公元 4 世纪），被称为“巴比伦－亚述文明”。

柏拉图水钟

发明时间：公元前 4 世纪

我们往往把过去想象为没有时钟的年代，一切都以舒缓的节奏变化。当然，实际生活并非如此简单。在很多历史场景中，人们都得想方设法跟上忙碌的日程。例如，古希腊哲学家柏拉图（前 427—前 347）想用一种方法让他和他的学生们准时起床上课。结果，他成为第一个发明闹钟的人。

早在公元前 16 世纪的古巴比伦和古埃及，简易水钟就已经存在。它用缓缓流入或流出容器的水滴来记录时间的流逝。也有可能早在公元前 4000 年的中国和印度，这样的时钟就已经存在了。而柏拉图水钟的创新之处，在于它的闹铃功能。它用一根管子连接高低两个容器。水在高处的容器里渐渐积蓄，当水位上升到管子的位置，管子便成了虹吸管——一旦高处容器里的水顺管流动，所有的水都会一下子灌进低处的容器里。这个低处的容器几乎是全封闭的，只开了一些小孔。当水从小孔中流出的时候，空气被顺带着挤出去，小孔便像哨子一样发出响亮的声音。就这样，柏拉图和他的学生一起被这个绝妙的闹钟发出的哨声准时叫醒。

其他的古代闹钟也有着相似的工作方式。比如，有这样一种设计，当容器中的水积蓄到一定重量，容器就会掉下，落在下面的桌子上，发出响亮的声音。还有另一种设计，使用嵌入金属球的蜡烛，当蜡烛逐渐燃尽，金属球周围的蜡熔化时，金属球就落到蜡烛底座的金属表面上发出响声。

蜂蜜

中石器时代岩画上的采蜜人

从进化的角度来说，蜜蜂比人类更古老。纵观人类历史，我们一直对如何采集蜂蜜感兴趣。一幅 8 500 年前的西班牙岩画展示了古人从野蜂窝里盗蜜的情形。然而，养蜂的历史，也就是把蜜蜂养在蜂箱里，还是新近才有的。埃及阿布吉拉布的一座始建于第五王朝（前 2500—前 2400）的寺庙，保存了蜂蜜制作的各个流程——从在蜂房里切割蜂巢，一直到装罐密封。蜂蜜除了作为许多埃及药品的重要成分，也被用在烹饪上。埃及人用干泥巴制作蜂房，希腊人和罗马人则用黏土改进了这一技术。在公元前 12 世纪的古埃及，包含超过 3 万罐蜂蜜的贡品被用来供奉和安抚众神，埃及养蜂业的规模由此可见一斑。斯巴达是少数拒绝使用蜂蜜的古老城邦之一。斯巴达人对蜂蜜蛋糕的形容很有男子气概：“不是给自由的人吃的食物。”其他文化则对蜂蜜热情得多，用一句罗马人的祝福语来概括就是：“愿蜂蜜滴到你身上。”

机械钟

发明地：中国

时间：8 世纪

有时候，历史的乐趣藏在细微之处，比如一些发明最初的名称。世界上第一个机械钟就曾被称作“（开元）水运浑天俯视图”。

发明它的人叫一行[①]，是一个和尚，一位信仰佛教的数学家（天文学家）。一行在 725 年发明了水运浑天俯视图。它最初被用作天文工具，却意外地兼顾了时钟的功能。尽管名字里有“水运”两个字，但严格来说，水运浑天俯视图并不能算是一个水钟（因为水钟是用钟里贮藏的水量直接度量时间的）。尽管如此，它仍是由水力驱动的——一股落泉带动水轮，每 24 小时转动一圈。水运浑天俯视图的内部机械结构是由金和铜铸造而成，包括了一组轮子、钩子、针、传动轴、锁扣和杆子。在每个整点都有铃声自动响起；每过一刻钟，都有鼓声提醒。

另一个有着华丽名称的钟是中国官员苏颂[②]在 1086 年到 1092 年

中国苏颂研制的水运仪象台

间为宋朝皇帝（宋哲宗）研制的水运仪象台。这也是一座机械天文钟，但它体积巨大，占据了一座超过 10 米高的钟塔的好几层。它由铜浇铸而成，由水力驱动。在塔顶的平台上，一个球体记录着行星的运转。水运仪象台一直正常工作，后于1126年在蒙古军队的入侵中失去下落。

注释

① 一行（约 683—727），本名张遂，魏州昌乐（今河南省南乐）人，唐代著名的天文学家和佛学家。

② 苏颂（1020—1101），字子容，福建泉州府同安县（今属厦门市同安区）人，北宋中期宰相、天文学家和天文机械制造家。

中美洲巧克力

初始食用：中美洲

时间：约公元前 1750 年

今天的巧克力是全世界人都爱吃的美味零食，但你知道吗，它曾是诸神的食物，甚至还曾被当作货币使用。可可树生长于中美洲地区，它们的种子藏在长长的叶鞘里。每个叶鞘里的甜果肉内含有大约 35 颗可可豆。这些可可豆尝起来很苦，因而，很可能最开始人们吃或喝的是更加甜的果肉。然而，一旦这些豆子发酵了，就可以做成饮料。其最早的考古证据来自一个出土于公元前 1750 年左右的黏土容器，其里面带有巧克力饮料的残留，可以证明那时人们就通过发酵的方式享用可可豆。那时的巧克力饮料应该比现在更苦，因为在欧洲人登陆之前，中美洲地区并没有种植用于制糖的农作物。

关于如何制作这些最初的巧克力饮料，我们所知不多。但是来自晚期玛雅文明[①]的史料或许可以给我们提供一些线索。在一份 13 或 14 世纪的文献里，可可被描述成一种神圣的饮料，尤其和雨神坎（Kon）

有关。玛雅人相信是诸神的血滴让可可豆荚成熟。他们将可可豆加水磨成的豆糊与玉米粉、红辣椒混合在一起，再把苦涩的混合汁冲入另一杯中，以产生泡沫层，也就制成了具有玛雅特色的可可饮品。他们认为这种饮料可以给男人带来旺盛的生殖力。（按照惯例，因为害怕这种充满阳刚之气的饮品会给女人带来什么负面影响，所以女人被禁止饮用这种调和饮料。）

在阿兹特克帝国②，可可豆是一种珍贵的商品。现今墨西哥的一大片领土（玛雅文化的北方）自 14 世纪起就是他们的领地。直到 16 世纪，他们逐渐被西班牙人征服。因为可可树没法在干燥的气候里生长，阿兹特克人开始向被他们统治的南方各部族征税，并且要求他们用可可豆来缴纳税款。这一举措导致可可豆被更加广泛地用作流通货币。早期的西班牙侵略者注意到囚犯对可可豆抱有崇高的敬意，于是便审问他们，进而发现了可可豆的功效。最早被引进到西班牙的可可饮品还带着原有的苦味。于是，欧洲人向里面添加蜂蜜或糖之类的甜味剂，巧克力就这样诞生了。

注释

① 玛雅文明，是公元前 10 世纪至公元 8 世纪中后期分布于今墨西哥东南部、危地马拉、洪都拉斯、萨尔瓦多和伯利兹等国家的丛林文明。

② 阿兹特克帝国，形成于 14 世纪初，1521 年被西班牙殖民者毁灭，分布于今墨西哥中部和南部。其传承的阿兹特克文明，与印加文明、玛雅文明并称为中南美洲三大文明。

伞

最初的伞其实是用来遮阳的，部分原因是最先进的文明都是在气候适宜的地区发展起来的。遮阳伞存在的证据最早可追溯到公元前 2400 年。在一座赞颂阿卡德①帝王萨尔贡丰功伟绩的胜利纪念碑上刻画着这样的场景：国王走在队伍的最前面，一个仆人为他举着遮阳伞，让国王免遭曝晒。

到公元前 1000 年，伞已然成为地位的象征。譬如说，最富有的埃及人就很嫌弃黝黑的皮肤，认为这是在地里劳作的普通劳动者才有的特征，而法老和其他达官显贵则常常有佣人给他们撑伞遮阳。

最早的遮阳伞只有薄薄的一层，并不防水，所以在刮风下雨时起不到什么作用。例如，中国人自公元前 1000 年时就开始使用的遮阳伞就是由丝绸制成的。要说可以应付多种天气的伞，那得把时间快进到北魏（386—534）。那时，人们开始用浸过油的厚桑纸制伞，让伞可以防水。从那以后，伞就有了新功能：面对突降的暴雨，人们不会再变成一只落汤鸡。

注释

① 阿卡德帝国（前 2334—前 2191 年），人类历史上第一个帝国，位于今伊拉克。

厕所

怎样如厕，在何处如厕，是自史前起就存在的难题。那时候最常见的解决办法是在地里挖上一个大坑。其实，不同形式的厕所已经存在了至少 5 000 年。

☆ 在英国奥克尼群岛上的斯卡拉布雷有一个石器时代的村庄，考古学家在房屋的墙壁间发现了似乎是 5 000 年前的厕所，它建在通向屋外的下水道之上。

☆ 同一时期，位于巴基斯坦印度峡谷的摩亨佐达罗，其房屋也有类似的设计：在通向公用排水沟的溜槽之上有用砖砌成的洞（还留有木制坐具的残余）。

☆ 在位于古美索不达米亚[①]的埃什努纳的一座宫殿里，有一个公共厕所。厕所里，6 个用砖砌起的坐便器排成了一排。

☆ 在公元前 17 世纪，克里特岛上的克诺索斯宫里有一个复杂的卫生系统：在一个以石膏板坯为墙（很容易洗干净）的房间里，人们用陶土管子引来水源，连接在陶制马桶上，冲掉排泄物。

☆ 公元前 14 世纪的古埃及马桶，由石灰石制成，并有钥匙孔形状的开口。马桶下方放置了一个可以取出的罐子，需要定期清理。坐便器两边留有凹槽，里面装着沙子，人们在方便后会抓起沙子扔进洞里盖住排泄物。

☆ 最早的可移动马桶来自同时期的古埃及：陶制容器上摆了一个木制的凳子，凳子中间则留有一个大凹槽。人们在底比斯的一个墓穴里发现了它。

☆ 罗马帝国则发明了更加精巧复杂的厕所。到 315 年，仅罗马一城就有 144 座公共卫生间。

☆ 罗马人还发明了世界上第一种可以手动冲水的坐便器。然而，他们的厕所并不怎么卫生，因为有数量惊人的厕所位于厨房里。这些厕所之所以紧挨着做饭的地方，是为了让厨房里的排水设施可以同时处理厨余垃圾和人类排泄物。

☆ 在卫生纸出现之前，苔藓通常被当作替代品。干草和稻草常常被成堆摆放在西方城堡和修道院的厕所里。

约 2 世纪时，希腊迪翁的古代公共厕所里的
大理石坐便器

注释

① 美索不达米亚，指幼发拉底河与底格里斯河组成的两河地区，是古代文明发源地。

床

发明地：未知

时间：5 000 年以前

除了有世界上最古老的厕所，奥克尼群岛上已被毁坏的斯卡拉布雷村庄还向我们提供了证据：早在 5 000 年前，结构复杂的床就已经存在。这表明，床的起源历史悠久，并且随着时间推移在不断改进。

在奥克尼群岛上，木材稀少，所以石屋的居民就用当地最丰富的石头资源去建造高于地面的寝具。这些石制寝具被摆在远离外墙、靠近内墙的地方（因为外墙通常最冷），而用来制作床垫的材料很有可能是干苔藓。

几个世纪以来，床和床上用品不断变化。中世纪时，床是由布片或充满了羽毛、羊毛或人的头发的毯子制成，实际上是做了一块床垫。帷幔或长帘环绕着就寝区域，既遮挡光线，又给予了一定程度上的隐私保护（然而在很多贫困家庭，通常都是几个人挤在一张床上）。

木床一直是一种奢侈品。我们发现，从 12 世纪起就出现了为富人制作的雕花床。到了20世纪，第一张折叠床也出现了——晚上是床，白天则可以折叠成沙发，就像现在的沙发床一样。

锁和钥匙

发明地：亚述帝国

时间：公元前1700年

锁和钥匙是一组令人着迷的历史性发明，因为它们既维护着增长着的私人财产，又保护着隐私方面的需要。最古老的锁，是在亚述首都尼尼微的废墟上被发现的。它的工作原理和古埃及的锁一样，都属于木制的销锁——用钥匙可以将锁内部的销抬高至凹槽处，以移开开门的障碍。

在荷马①的《奥德赛》史诗中，描述了这样的情节：奥德修斯的夫人佩内洛普用一把钥匙打开了通向保险库的门，取出了奥德修斯的弓。那时，在富人或贵族房子里，锁只被用于非常特殊的目的。对于敌人入侵，仅靠一把锁是阻挡不了的。通常是，有城墙的城市都设有坚固的防御屏障，而寻常百姓家中没有什么值得偷的东西，也就没必要让房门上锁。因而，只有富人和贵族才有必要使用锁——用来保护他们的人身和财产安全。

罗马人模仿了埃及锁匠的技术，并且用钢铁和弧形锁进一步提升了制锁工艺。复杂的内部构造取代了销，确保只有正确的钥匙才能开锁。富有的罗马人常把钥匙像戒指一样戴在手指上，这是地位的象征，也是确保钥匙安全——时刻处在目力范围之内的一种方式。罗马人可以制造比之前小得多的锁和钥匙，这充分展现了罗马时期金属工艺的精确性和先进性。

注释

① 荷马（约前 9 世纪—前 8 世纪），古希腊盲人诗人，代表作是《荷马史诗》——是对《伊利亚特》和《奥德赛》两部长篇史诗的统称。

假发

据我们所知，假发最早出现在埃及。古埃及人酷爱干净，他们一天要洗好几次澡，并认为不留毛发是干净和文明的行为（以便与有毛发的野兽及他们认为的原始人形成鲜明对比）。男人和女人都将头发要么剪短，要么剃光。头发被剃掉或用脱毛膏脱去，甚至用浮石磨掉后，为了防止烈日灼伤头皮，他们就戴上假发。这些假发由天然或人造毛发制成，用蜂蜡和树脂黏合在一起。一些富人戴着精致的装饰性假发，上面点缀用香熏过的发锥，作为地位的象征。在其他古代文明的不同时期，包括亚述人、古以色列犹太人、迦太基人、希腊人和罗马人都曾使用过假发。

古埃及的卡诺卜坛（约前 1349—前 1336）
（用来存放经过防腐处理的内脏）

蒸馏

发明地：阿拔斯王朝（现今的伊拉克）

时间：公元 9 世纪

酿酒有两种方式：一种是发酵，即通过对诸如水果或粮食之类的物质进行化学分解来产生酒精；另一种是蒸馏，即通过对液体中的各种成分进行蒸发和凝结，以进一步提纯发酵饮料。已被证实的最古老成型酿酒来自中国黄河流域——今天的贾湖遗址一带，时间在公元前 7000 年至公元前 6600 年之间。然而，很多科学家相信，远在 1 万年到 1.2 万年前的旧石器时代，人们就开始饮用发酵饮品了。“醉猴假说”则指向了更遥远的过去。这表明，我们的远古灵长类祖先早就发现食用林地上腐烂的水果可以让自己陷入醉酒时的微醺状态。而这一秘诀随着灵长类动物向早期的原始人类进化被一直保留了下来。

与发酵不同的是，蒸馏的出现离我们更近。有一些证据指出，早在 1 世纪到 3 世纪之间，蒸馏就已经被中国人和罗马统治下的埃及人使用。举个例子。罗马人通过蒸馏从松油中提取松脂。很多早期的水手就地取材，从海水中蒸馏出饮用水。而另一些文明则发现了通过冷冻酿造烈酒的方法——将葡萄酒之类的发酵饮品冷冻至其中的水结冰，而更浓烈的酒精则还是液体。

尽管如此，证据的匮乏加上早期炼金术士和工匠的手段隐秘，使得我们不能确定在那个时期人们是否就已经通过蒸馏造酒。不过，我们可以确定阿拉伯哲学家肯迪是第一个用文字记载蒸馏酿酒秘技的人。他详细描述了这一过程，并以此结尾："于是乎，葡萄酒在潮湿的环境下被蒸馏，酿造出玫瑰水颜色的液体。"

早期的蒸馏过程

肯迪被称为阿拉伯哲学之父，他曾生活在现今伊拉克的巴士拉和巴格达。肯迪留下的方法让蒸馏造酒的方式得以更加广泛地传播，世界上各个地区的人们开始学着酿造“火药液”、拉克酒、威士忌、伏特加、金酒等。酒精（alcohol）这个词本身就来源于“al-kohl”（kohl：眼影粉），因为阿拉伯化学家制作眼妆的过程和酿酒很相似。

化妆品

发明地：古埃及

时间：公元前 4000 年

早在上文中提到的阿拉伯化学家之前，展出的古埃及画像中，人物的浓妆格外引人注目。从公元前 4000 年开始，埃及人就使用形形色色的当地原料来制作神奇、美观和具有医用价值的化妆品。值得一提的是，他们用孔雀石铜矿制作了绿色的眼部化妆品、黑色眼影粉（由亚硫酸盐矿物辉锑矿制成），或把更便宜的木炭用作眼线、红赭石用作腮红和口红，并用散沫花[①]染剂来涂饰皮肤。他们用木头、象牙或金属的小棍子来化妆。最常见的妆容是用黑色的眼线使眼睛呈杏仁形或猫形，更为醒目，然后再用绿色涂料环绕着眼睛涂上一大圈。

对于部分化妆品的成分，埃及人出于健康和安全的需要，都做了仔细考虑。他们相信，黑色眼影粉可以驱赶苍蝇和抵御感染，同时也让着妆之人远离“邪恶之眼”的毒害。实际上，这个保健的方式有一定科学依据可循——黑色眼影粉促使皮肤分泌一氧化氮，增强了对感染的抵抗力，而其中的煤烟物质则减弱了烈日对眼睛的损害。

至于唇妆，其化妆品则常常由赭石、树脂或树胶的混合物制成，这样可以保持得更久。在克利奥帕特拉②的私人日常化妆品中，包含一种由花朵、碎蚁、鱼鳞、胭脂红和蜂蜡制成的鲜红的唇膏。出于对红色的偏爱，这种唇膏颜色成了她最喜爱的化妆品颜色；其他受到她喜爱的唇膏颜色，包括橙色、紫色和深蓝色。

注释

① 散沫花，又名指甲花，可以染色，原产于印度和埃及。

② 指克利奥帕特拉七世（前 70—前 30），古埃及托勒密王朝的女法老，被称为“埃及艳后”。

消防队

在公元前3世纪的希腊，克特西比乌斯[①]和亚历山大港的希罗[②]（更多有关希罗的故事，请看第63页）发明了世界上第一个机械式灭火设备。克特西比乌斯被称为“气体力学之父”，他发明了一种强有力的水泵，而希罗则将其应用在世界上第一辆消防车中。利用活塞、气罐和阀门的组合，可以喷水灭火。

不过，要说起第一支消防队的出现，我们要把时间快进到公元前1世纪的罗马。那时，有一名叫作马库斯·利西尼乌斯·克拉苏斯的人，他很富有但唯利是图。他瞅准商机，组建了一支500人的救火团队。一旦发现火灾，该团队就冲到失火的建筑前。然而，他们为了获得更多的救火费，并不会立即着手灭火，而是站在那儿与建筑的主人讨价还价。这毫不奇怪，因为历史上罗马城遭受了太多大大小小的火灾，比如公元64年的一场大火，甚至将三分之二的罗马城夷为平地。

注释

① 克特西比乌斯，活跃于公元前270年左右，是埃及亚历山大港的发明家。

② 亚历山大港的希罗（约前260—前180），是古罗马数学家。

骨制工具

发明地：非洲或欧洲

时间：约 5 万年前

有关骨制工具何时出现的争论是早期人类历史学中较为有趣的谜题之一，这个谜题牵涉到智人[①]和他们的欧洲远亲尼安德特人[②]的亲缘关系。在非洲，距今已有 5 万至 10 万年的骨头上就出现了人工切割的痕迹，它们被打磨或雕刻成尖头的工具——锥子、鱼叉或楔子。不过，这些考古发现的类型和地点并不具有一致性。

在这段时期，智人的祖先还在非洲大陆进化（直到 4.4 万年前，他们才向欧洲迁移）。不过，超过 5 万年历史的骨制工具也曾在欧洲被发现。这说明尼安德特人一定也制作骨制工具（早在 20 万年前，他们就出现在欧洲，并在欧洲进化）。因此，一种可能是，这两种原始人类各自独立发现了制作工具的方法。科学家也提出了另一种有趣的假说：首批从非洲迁往欧洲的智人从远亲尼安德特人那儿学会了如何将骨头制作成工具。

石器的出现比骨制工具要早得多，但是石器更粗糙且不灵活。因此，能够使用石器去切割、打磨和抛光骨头碎片是一种突破性的进展。

不同种类的骨头可以被用来制作工具，但鹿角和较长的骨头最适合用来制作长而尖的工具。我们已发现的其他原始工具包括鱼钩、餐具、针、钉子、饰品和用来切割、抛光的工具。牙齿常被串在一起当作饰品，而动物的蹄子则可以被制成原始的乐器，比如说发出诸如铃声之类的乐音，如果在蹄子里塞满小石子，那么摇晃起来的时候就有拨浪鼓的效果。

注释

① 智人，是人属下的唯一现存物种。早期智人生活在约 25 万年至 4 万年前，晚期智人出现于约 4 万年前，是解剖结构上的现代人。

② 尼安德特人，是一种在 12 万到 3 万年前居住在欧洲及西亚的古人类，属于晚期智人的一种。

餐具

发明地：世界各地

时间：公元前 10 万年至公元前 1.2 万年

尽管早在 50 万年前，石刀就已在非洲出现，但在史前的绝大部分时间里，人类还是用手来吃东西。人们为了能让石刀握起来更舒服，开始用木头和皮毛包裹刀柄，最早的餐具就这样出现了。尽管我们无法说清楚这种操作是何时出现的，但可以确定的是，自新石器时代伊始（大约是 1.2 万年前），人们就已经开始使用这样的刀具。除此之外，还有用挖空的木头、贝壳或燧石制成的简单的勺子。到了 3 000 年前，使用刀和勺子的组合来吃饭已经是稀松平常的事情。在差不多同一时期，筷子出现在中国。

随着铜器和铁器时代的到来，餐具渐渐变得越来越精致。尽管如此，叉子还是没有出现在餐桌上。叉形工具最初有着其他用途，如干草叉，这可能是因为金属叉子制作困难且成本高昂。直到 1000 年，叉子才被用作餐具。这个习惯最初源自古希腊和埃及的庆典。在庆典中，人们会使用仪式性的叉子和用来从炊具中取出肉的“肉叉”。在大约 400 年的中东，叉子作为一种私人进食工具流行了起来。

然而，叉子的使用并没有快速传播。在 11 世纪，意大利贵族多梅尼科·塞尔沃娶了一位希腊公主，公主从希腊带来了叉子。新郎的意大利同胞们觉得受到了冒犯，因为这是中欧人第一次看见叉子，而对于这一时期的基督教徒来说，叉子是有问题的——当早期的神祇被套用进基督教的世界观时，希腊海神波塞冬的三叉戟渐渐演化成了撒旦用来折磨罪人的长柄叉。因此，公主使用叉子这件事被看作异端行为，令人十分震惊。

至少在一段时间里，使用叉子把食物送进嘴里被看成粗鲁的行为。但是，渐渐地人们对叉子的反感淡化了，它被接纳为欧洲餐具家族的一员。

冷藏

发明地：今叙利亚一带

时间：公元前1700年

早在冰箱被发明之前，人们就一直使用雪和冰来冷却饮料和食物。到了罗马帝国时期，人们用雪橇将雪从最近的山上运下来，贮藏在雪坑、冰窖里，再用禾秆覆盖保温。顶层的雪因融化而向下陷落，当底层的雪变得越来越多，非常拥挤时，在上面雪层的压力下，就又结成了冰。公元3世纪，大量的雪和冰被运进城里，以至于埃拉伽巴路斯皇帝（罗马帝国塞维鲁王朝皇帝，218—222年在位）可以在他的花园里堆上一座小型冰山。他希望冰山可以给他的皇宫提供一种空气调节系统。罗马人和希腊人可能是从亚历山大大帝那儿学会了这种方法。著名的美食作家阿忒纳乌斯曾描述他挖了“30个用来冷藏的深坑，在坑里装满了雪，并且盖上了粗大的橡树枝”。

中国人早就知道了如何在冰窖里保存雪和冰。在唐朝（618—907），一本名叫《食经》[①]（*Food Canons*）的书里记载了维护冰窖的不同流程，包括打扫冰窖以迎接新一批冰块的到来，然后用来保存水果和蔬菜。在更早的周朝（前 1046—前 256），朝廷里就有一项将近 100 人参与的“冰冻服务”，负责冷冻食物、酒，甚至是尸体。

为了探寻有关冷藏的最早历史记载，我们得投向近东[②]地区。在一段为马里[③]统治者兹姆里·利姆撰写的铭文中，提到他在皇宫附近建造了一座冰屋：“此前从没有任何国王在幼发拉底河畔建起过这样的建筑。”

注释

①《食经》，实为中国隋代谢枫所作。

② 近东，指的是欧洲人对地中海东部沿岸地区的叫法，该地区包括非洲东北部和除伊朗、阿富汗之外的亚洲西南部，有时还把欧洲巴尔干地区也包括进去。

③ 马里，古代苏美尔亚摩利人建立的城邦，位于现今伊拉克和叙利亚边境一带。

剃刀

我们所发现的最古老的剃刀距今已有两万多年。最开始，剃刀是用蛤蜊壳、鲨鱼的牙齿或打磨锋利的燧石制成。剃刀在青铜时代慢慢普及开来，那时候的人们用铜片或黑曜石（火山玻璃）制作更锋利的工具。这些物品为私人所有，且被视作社会地位和财富的象征。例如，在埃及的墓穴中出土了大约制作于公元前 4000 年的饰有金和铜的剃刀，表明它们具有相当高的价值，才被用作墓主人的陪葬品。

出土的埃及剃刀和镜子（约前 1492—前 1473）

口香糖

发明地：芬兰

时间：公元前 4000 年

当西班牙征服者来到中美洲的时候，他们被阿兹特克妓女嚼口香糖的样子迷住了。（她们的脸上抹着黄色的脂粉，牙齿上涂着红色的胭脂虫染料，站在街角揽生意。）实际上，她们嚼的是奇可树汁，一种从切断的野生人心果枝干中渗出的乳白色树汁。这种树汁晒干之后就成了有嚼劲的树胶。

对于几个世纪前的玛雅文明来说，奇可树汁是一种神圣的物品。在民间传说里，他们英勇的蛇神库库尔坎（又被称为“羽蛇神”①）就嚼着树胶。然而，当西班牙人征服了阿兹特克人之后，连接丛林和城市的贸易路线中断，嚼奇可树汁这种习俗便只在丛林地区保留了下来。

世界上其他地区的人们也有嚼树胶的习惯。在北美洲，欧洲人从美洲土著那儿学会了嚼云杉树脂，口香糖商业化生产的首个灵感便来源于此。1848 年，约翰·B. 柯蒂斯创立了“缅因州纯云杉树脂口香糖”。

1850年，另一种用石蜡处理的加糖口香糖上市，紧接着又出现了更多的发明专利和改进——包括一种在60年代开售的风味口香糖（由肯塔基州一位名叫约翰·科尔根的药剂师制作）。它源自几个世纪前阿兹特克人和玛雅人嚼的奇可树汁。略有历史讽刺意味的是，由于美国人对口香糖的需求日益增长，幸存的玛雅印第安人在丛林里不断寻找人心果树，无意中发现了许多现今举世闻名的玛雅城市遗址。

然而，要探寻口香糖的起源，我们需要回溯更远些。可能在新石器时代，来自不同文化的人们各自养成了嚼食天然物质的习惯（为了杀菌、治病或消遣）。古希腊人嚼晒干的乳香黄连木树汁和树皮，中国人嚼人参，南亚人嚼槟榔，而早在人们学会如何制作可卡因和香烟之前，就已经开始嚼可可叶和烟叶了。

因此，我们很难说清楚口香糖到底在何时何地出现。口香糖发明者这一有争议的头衔暂时属于斯堪的纳维亚地区的古代居民——已被考证的最古老的样本是一块有着6 000年历史的桦木焦油制成的口香糖，出土于芬兰的奇里基，上面还带着牙印。

注释

① 羽蛇神，是一个在中部美洲文明中普遍信奉的神祇，一般被描绘为一条长满羽毛的蛇形象，司掌生命、丰收、文化、风雨。

性具

说起性行为和性爱用具，历史给我们留下了数量惊人的不同实例。下面所列仅是我们所知道的最早的例子，尽管现在看起来不再新鲜。还是看看这些历史“第一”吧：

☆ 在德国出土的距今有 2.8 万年历史的假阳具，由抛光粉砂岩制成，可能是已知的最古老的假阳具。

☆ 据历史文献记载，古埃及人和早期希腊人使用还未成熟的香蕉或树脂包裹的骆驼粪来制成假阳具。

☆ 从《荷马史诗》《圣经》及古埃及文献中对曼德拉草根的记载中我们了解到，催情药至少在 4 000 年前就出现了。

☆ 我们已发现由石头、皮革、木头和焦油等不同材料制成的假阳具，不过，其中的一些实际上被当成旺盛生殖力的象征或幸运符。

☆ 在距今 4 000 年的一张古埃及莎草纸上，记载着已知最早的避孕方法——一种相当简单的方法：女人将蜂蜜、树胶或鳄鱼粪用作阻止怀孕的屏障。

☆ 卖淫被认为是“世界上最古老的职业”，已知最早的证据来自公元前 2000 年的巴比伦文献。那时，去庙宇里和第一个捐献银币的陌生人发生性关系是女人的责任。

☆ 在公元前 700 年的一块巴比伦石碑上，记载了草药验孕剂的使用。

☆ 商业化的妓院起码可追溯到公元前 570 年，这一年，雅典的波尼昂（Porneion，意为“妓院”）开始营业。

☆ 尽管妓院在古罗马也十分常见，但是组织化运营的“红灯区”最早出现在中国宋朝（960—1279）。那时，官府运营着一些既是酒馆又是妓院的场所。

字母

发明地：古埃及

时间：公元前 2700 年

当代人们所使用的各种字母都有着复杂的历史。它们通常源自单纯的形象化（表意）图案体系——图形直接代表物体。随着时间推移，一些音节和音标（以图案指代声音）被补充进图案体系中。渐渐地，它们显得更加灵活且实用，更适合作为文字表达的基础。地中海地区的人们所使用的线形文字 A 和 B 是这种演化的范例。大约在公元前 2000 年，线形文字 A[①]被克里特文明所使用。它包含了数百种符号，尽管其中有一些可能是音标，但大多数是表意的。线形文字 A 到目前为止还没有被破解，但它的后代线形文字 B[②]已经被破译为一种古希腊文字。线形文字 B 出现于 5 到 10 个世纪之后，仅包含了 87 个音节符号和 100 个象形符号。它没有现代字母表那么简单，但也是其朝着这个方向进展的证据。

说到现代西文字母，其整体发展历史十分复杂，一条可能的有影响的线索可追溯至埃及象形文字。到公元前2650年左右，象形文字中补充了22个音节符号，且与表意文字组合使用。一种观点认为，大约在公元前1700年的中东地区，这些符号发展成为一种字母系统（被称为原始西奈字母）。它们可能渐渐演变为原始迦南[3]文字，最终演变成腓尼基[4]字母书写系统。但这只是一种推测，确切的演化过程不得而知。

不过，我们可以确定的是，在公元前1000年左右，腓尼基系统在地中海地区被广泛使用，而希腊字母是它的一种改进版本，罗马化的希腊语则变成了在绝大部分欧洲地区被使用的西文字母的基础。因此，尽管字母演化的起始部分十分模糊，但我们至少可以追溯至腓尼基初期。那时的商人将这种文字体系传遍到整个地区，可能一路回传到古埃及。

注释

① 线形文字A，古代克里特岛上使用的未破解文字。

② 线形文字B，出现于克里特岛，是入侵的迈锡尼人借鉴线形文字A所创造的一种文字，属于古希腊。1952年，英国学者文屈斯（Michael Ventris）和查德威克（John Chadwick）破解了该文字。

③ 迦南，希腊人所称的“腓尼基”。

④ 腓尼基，指公元前2800年至公元前800年间位于今黎巴嫩地区的城邦文化。

扑克牌

发明地：中国

时间：1000 年

我们早就知道，中国人在 1 000 年就开始玩扑克牌了，直到 4 个世纪后扑克牌才传入欧洲。扑克牌如何从中国传到欧洲，已成为一个争论的话题。尽管中国的扑克牌牌面更小，更难洗，但是和欧洲扑克牌有着很高的相似度。如此看来，不可否认的是，中国扑克影响了其后欧洲扑克的设计。一些先锋理论认为，是马可·波罗带回了中国扑克，或者它们是通过十字军传入了欧洲，甚至有可能是罗姆人把它们带进了欧洲。最后一种说法的根据是塔罗牌（罗姆人用来占卜的牌）是现在扑克牌的原型。然而有证据表明，最早的塔罗牌直到 15 世纪中叶才在意大利出现，而扑克牌的出现则比这早得多。比如，1377 年，佛罗伦萨市议会试图禁止一种叫作纳比的卡牌游戏。这种游戏风行一时，但被认为有伤风化。

大约 1400 年时，中国的木刻扑克牌

1938 年，在伊斯坦布尔托普卡比博物馆的档案室中，一项发现似乎可以解决扑克牌起源之谜。来自 1400 年的古埃及马穆鲁克王朝[①]的遗物中含有 52 张牌。与西式的牌面组成一样，里面有人头牌：国王、总督和副总督。这也许可以解释纳比游戏的起源。这副牌和后续发现的马穆鲁克时期卡牌—— 出现于一个世纪前，且明显是古代中国扑克向现代扑克过渡的中间产物——打消了任何对于扑克牌是通过埃及传入欧洲的质疑。

有关牌的花色的历史十分有趣。马穆鲁克牌的花色分为硬币、剑、高脚杯和马球棍几种。欧洲人起初并没见过马球，因此制牌人将马球棍替换为指挥棒，将高脚杯替换为类似的杯子。如今的意大利和西班牙扑克依旧保留着马球棒、剑、高脚杯和硬币的花色。到了 15 世纪，德国制牌人在花色中引入了自然元素—— 橡子、树叶、桃心和铃铛。法国人大约于 1480 年改进了这一设计，采用了可以进行钢板印刷的简单图案：三叶草、矛头、阶砖和红心。最终的英国版则杂糅了不同的样式—— 黑桃源自早期的剑和矛，梅花源自西班牙花色里的法杖，方块源自阶砖的形状，红心则沿袭了法式设计。

注释

① 马穆鲁克王朝，又称奴隶王朝，是 1250 年至 1517 年存在于埃及的一个君主制国家。

胶水

发明地：今意大利中部

时间：20 万年前

有关早期人类尼安德特人使用黏合剂的证据最早是在意大利发现的。一组距今 20 万年的石片上带有桦树皮焦油的痕迹，这是有柄石器才有的特征（焦油将石器黏合到了木柄上）。

复合黏合剂在史前就已出现，最早的证据是出土于南非的西布杜——令人感到似曾相识的是，从一块距今 7 万年的石斧碎片上可看出，该石斧也曾装有柄。黏合剂的残留中含有植物胶和红赭石（氧化铁），它们让胶在潮湿环境中仍然黏合牢固。

到了公元前 5000 年，更先进的制胶工艺在欧洲和中东出现。譬如，最早在古埃及使用的动物胶。通过熬煮兽皮和蹄子制成的胶水（在图坦卡蒙[1]和其他法老的墓中出土过类似的文物）可以使莎草纸黏合更牢，还可以用于昂贵的家具制作上。

注释

① 图坦卡蒙（前 1341—前 1323），是古埃及新王国时期第十八王朝的法老。他的墓葬被发现后，曾轰动考古界。

花园

最早的花园出现于农业的诞生（约 1 万年前）和《吉尔伽美什史诗》[①]完成（约 4000 年前）之间。《吉尔伽美什史诗》中描述了一块圣地：“在金色的沙滩上有一座不朽的花园，花园里挺立着水晶树，水晶树舒展着金色的、美丽的枝条。”就像这段诗中所描绘的一样，树作为宗教象征受到广泛崇拜，成为早期花园的灵感之源。伊甸园就是类似的古老传说，描绘了一个长满大树的避难所，远胜荒芜之地。

公园由农场中的圈地发展而来。它之所以被认为是娱乐和休闲的好去处，是因为果树可以营造出令人心情愉悦的阴凉地。在地中海和近东地区的早期公园里，人们更关注树而不是花。从语源角度来说，“天堂”一词和古波斯语中的“花园”一词有关——天堂是奢华之地，有于沟渠或喷泉中流动的活水和图案规整的树林。这一风格从其发源地——由波斯、埃及和亚述所组成的肥沃月湾[②]发扬光大，被北非（从北非又传至欧洲）甚至是印度广泛借鉴。印度的莫卧儿花园就受其影响。封闭式花园通常被小路划分为不同的区域，它既是与世隔绝的休闲场所，也是遍及世界各地的宗教意象符号。随后，基督教和伊斯兰教把这一思想融入新的宗教。

注释

①《吉尔伽美什史诗》，创作于公元前 2700 年至公元前 2500 年，是一部对乌鲁克国家英雄吉尔伽美什的赞歌，是已知最古老的英雄史诗。

② 肥沃月湾，指中东两河流域及附近一带肥沃的土地，位于今天黎巴嫩、叙利亚和埃及东北部、以色列西岸、约旦部分地区，以及伊拉克和土耳其的东南部。

16 世纪的印度莫卧儿王朝，园林设计达到高峰

钱币

发明地：美索不达米亚

时间：公元前 3000 年

从哲学的角度来看，钱币的历史令人十分着迷。我们可以推断，在早期——最迟是农耕文明时期，就出现了一些农作物和商品的交易，或者动物与劳务的交换。比如，一头奶牛可以换来一箱种子或一天的农业劳作。显而易见，一些商品很早就成为有价值的储备——比如，在奶牛和种子的交换中，种子可以被保留下来用于未来的交易，因为它们相对容易贮藏且数量可分割。只有当交易双方都持有对方所需要的物品时，简单的物物交换才能行得通。因此，种子之类的物品很快就成了一种原始货币（通常被称为“商品货币”）。

在买卖过程中，人们可以使用理货筹码或其他原始记录，以此给予或积攒日后的消费信用额度。这说明，债务的概念也是早期货币体系的一部分。事实上，中国数学家之所以提出了负数的概念，是因为他们想记录贷记①和借记②的金额。他们用不同的颜色区分借款和贷款，并且通过累减计数，而不是累加。

如果一种物品相对稀有，它也可被用作商品货币。比如，在3000年前的印度次大陆上，贝壳被当作货币，因为当时获取大量的贝壳很难。

我们无法确定在货物交换中充当代币的物品何时被视为一种“货币”，但是最早有记载的货币系统出现于公元前3000年的美索不达米亚。那时，重量和货币的单位是谢克尔，指代特定重量的大麦或等量的金属，如银、铜和金。谢克尔之所以被如此定义，是因为大麦和贵金属已经被用作商品货币，所以对它们的使用需要合法化，它们的相对价值需要被确定。

古巴比伦王朝的《汉谟拉比法典》[3]是现存最完整的古代法律体系，通过它我们可以一瞥货币在这些古代文明中所扮演的角色。它列举了不法行为导致的罚款和赔偿，并且规定了债务中利息的上限。从古到今，人类都无法容忍放债者的狡诈行为。

注释

① 贷记，指先按银行要求交存一定金额的备用金，当备用金不足支付时，可在银行规定的信用额度内透支的借贷行为。

② 借记，指先存款后消费的行为，没有信用额度。

③《汉谟拉比法典》，是古巴比伦国王汉谟拉比（约前1792—前1750年在位）大约在公元前1776年颁布的法律汇编，是最具代表性的楔形文字法典，也是世界上现存的第一部比较完备的成文法典。

古代火柴

发明地：中国

时间：577 年

从古到今，出于加热和烹饪或各种军事和工业用途，人们一直在寻找控制火的方法。早期人类学会了钻木取火和击石生火，还知道如何让干草或禾秆的暗火燃得更久，以及如何将暗火从一个地方移到另一个地方。可是这些生火的方式都十分麻烦。很明显，一种更便捷的生火方式将会是一大进步。

世界上第一根通过自我摩擦就可以燃烧的火柴出现的时间很晚。17 世纪，炼金术士亨尼格·布兰德围绕着磷进行了多项实验。1805 年，法国发明家让·尚塞尔发明了一种看上去很危险的火柴。他在一根木棍的表面裹上氯酸钾、硫黄、糖和橡胶，然后再将其浸没在硫酸当中，随后发生化学反应，木棍起火，并在燃烧的时候释放出了有毒烟雾。

事实上，一种更简单的火柴早在 6 世纪就已经在中国出现了。北齐王朝（历史上曾短暂存在的一个王朝）的宫女发明了这种火柴。当时，城池被围，木材短缺，木头要被留来烹饪和加热。她们将短松树枝蘸上硫，然后摩擦两根树枝来点火。这一发明迅速在中国流行开来，并被用在不同场合，包括生炉子、点台灯和放爆竹。在 10 世纪的诗人陶谷[①]的作品中，他将火柴比作“引光奴”，而出售的火柴则被叫作“火寸”。

有人认为是马可·波罗或同时期的其他旅行者将火柴从中国引入了欧洲，因为马可·波罗曾在 13 世纪到过杭州，在当时杭州的集市上可以买到火柴。可是直到 1530 年，才有这种火柴在欧洲出现的记录。

注释

① 陶谷（903—970），本姓唐，字秀实，邠州新平（今陕西彬县）人，北宋大臣，著有《清异录》。

橡胶

发明地：中美洲

时间：公元前 1600 年

橡胶（或称为生橡胶）是一种从橡胶树中采集（从树干中流出来）的天然物质，而橡胶树原产自南美洲。早在公元前 1600 年，中美洲奥尔梅克文明[①]中的土著文化就记载，人们已经发现并使用了橡胶。橡胶的用途之一就是用来制作仪式性球类比赛的用球。玛雅人和阿兹特克人也使用橡胶来制作容器，或用来对织物进行防水处理。奥尔梅克人还知道如何通过加热和使用添加剂使橡胶变得更加稳定，但是其配方已经失传。

1736 年，法国人查尔斯・玛丽・德・拉・康达迈恩[②]的一篇学术论文将橡胶第一次介绍到了欧洲。1770 年，英国科学家约瑟夫・普里斯特里发现橡胶可以擦除铅笔印，“橡胶”的现代名称（意思是可以擦除印记的东西）便由此而来。尽管如此，橡胶在整个 19 世纪早期都是十分稀有的东西，因为从当时的橡胶主产地巴西出口种子是一项重罪。最后，探险家兼生物海盗[3]亨利·威克汉姆设法将一大批橡胶树种子成功走私进了英格兰，其中的一部分在英国皇家植物园中长成了树。橡胶树种子被送到了英国各地，世界上很多国家也出现了橡胶种植园，包括印度、新加坡和英属马来亚[4]。现在橡胶被广泛应用于建筑、汽车、地板、轮胎、手套、气球和其他商品之中。

顺带一提，橡胶硫化是指为了获得更加坚硬的橡胶，在加热橡胶的过程中添加硫或者其他成分。查尔斯·固特异[5]通常被当作硫化橡胶的发明者，但是我们常常忘记，奥尔梅克人的方法要早于固特异3500多年。

注释

① 奥尔梅克文明，形成于公元前12纪初至公元前3世纪，中美洲古印第安文明萌芽阶段的文化，有印第安文明之母之称，分布在墨西哥的韦拉克鲁斯州和塔瓦斯科州。

② 查尔斯·玛丽·德·拉·康达迈恩（1701—1774），法国探险家、地理学家和数学家。

③ 生物海盗，指掠夺他人自有的遗传和自然资源以及文化遗产的人。

④ 英属马来亚，1785年至1957年间为英国殖民地。

⑤ 查尔斯·固特异，美国人，现在大名鼎鼎的固特异橡胶及固特异橡胶公司，就是为了纪念他而以他的名字命名的。

镜子

我们听说过那耳喀索斯[①]自恋池中倒影的传说。的确，有史以来，平静的水面就被人们当作镜子。制作镜子需要一个平整、极度光滑且具有高反射率的平面。我们发现的最古老的镜子是由黑曜石—— 一种黑色的火山晶体制成的。在土耳其出土的一些镜子可以追溯到大约公元前6000 年。我们所发现的抛光铜镜可以追溯到公元前 4000 年左右的美索不达米亚和公元前 3000 年左右的埃及。在中美洲和南美洲，抛光石镜的出现要早于抛光金属镜（出土的石镜可以追溯到公元前 2000 年）。在同一时期的中国，一些早期的镜子是由抛光的青铜和铜制成的，诞生于黄河流域上游的齐家文化[②]。

注释

① 那耳喀索斯，意为水仙，是古希腊神话中极度自恋的少年，是河神刻菲索斯与水泽神女利里俄珀之子。

② 齐家文化，以中国甘肃为中心地区的新石器时代晚期文化，已经进入铜石并用阶段，以甘肃省广河县齐家坪遗址命名。

丝绸

发明地：中国

时间：公元前 3000 年

养蚕制丝，靠的是心灵手巧。可令人眼红的是，制作丝绸的秘诀被中国人密不透风地保存了上千年。到公元前 1 世纪时，罗马历史学家小普林尼①仍然认为丝绸是通过“用水取下树叶上的绒毛”来制作的。

丝绸的发明是很久以前的事情，所涉及的都是传奇人物。嫘祖被认为是养蚕业的首创者，被奉为“先蚕娘娘”。她是西陵氏之女、“黄帝元妃”——据记载，在公元前 3000 年时，黄帝是中国的统治者。不过，我们可以证明的是，早在 5 000 年前养蚕业就已经在中国出现。例如，在黄河畔出土了公元前 2 600 年的半个蚕茧，上面留有生产加工的痕迹；在浙江省也出土了一组公元前 3000 年的丝带、丝线和丝绸碎片。更多最新发现表明，丝绸的秘密在那之前就被发现了——一个饰有家蚕图案的小象牙杯似乎有着 6 000 至 7 000 年的历史；而在长江下游发现的养蚕业遗迹，说明养蚕业可能在公元前 5000 年前就已经出现了。

养蚕业的核心机密其实是看不见、飞不走的家蚕的生命周期。（历史上，丝绸制作最初使用的可能是野桑蚕，也许正是它们进化成了现在的家蚕。现在，我们还使用一些相似品种来制作丝绸。）蚕蛾在临死前产下大约 500 个卵。从这些只有针尖大小的卵中，可以孵化出大约 3 万只虫。它们消耗大量的桑树叶，体形慢慢长大为原来的 1 万倍，并在结茧时吐出共计约 5.4 千克的生丝。每一颗蚕茧仅由一根丝组成，最长可达 900 米。当人们需要收获蚕丝的时候，便加热蚕茧（通过蒸或烘烤）杀死里面的蚕蛹，然后用水浸润蚕茧使丝线疏松，再小心翼翼地将其剥开晒干。

据传，嫘祖也是织布机的发明者，这在中国的古籍中有所提及。然而，我们发现的最古老的完整的织布机仅有 2200 年左右的历史。因此，我们仍旧没法弄清楚织布机到底何时出现，以及试样织机何时被发明。

著名的丝绸之路是一条贸易路线，古代旅行者通过丝绸之路运输玉、马匹和象牙等贵重货物。但是这其中最重要的货物是让它得名的丝绸——一种来自中国的非凡材料，它的柔软和优雅让整个世界垂涎。

注释

① 小普林尼（约 61—约 113），罗马帝国元老和作家。

古代游戏

时间：史前时期

游戏和玩耍是人类生活中不可分割的一部分，这可以追溯到我们的远亲祖先——对于许多猛犸象的幼崽来说，参与各种形式的游戏是学习的一部分。由此，留给历史学家的挑战就是，确定某一种游戏出现的具体时间。但令人失望的是，要找到相关证据很难。我们在许多考古现场都发现了种类繁多的小物件，如黏土圆球、木雕等。但是，很难确定它们到底是游戏的道具，还是祭祀用具，或是其他用品。

希腊史学家希罗多德[①]在公元前 5 世纪将骰子、羊拐[②]、球类运动和“除了跳棋以外的其他同类型游戏”的发明归功于古代吕底亚[③]人。他认为，公元前 13 世纪时出现了严重的饥荒，为了分散注意力、打发时间，吕底亚人发明了这些游戏。这是个好故事，可惜是假的。事实是，在吕底亚饥荒前的 1 000 多年，骰子就已经在印度次大陆出现了。我们找到的这一时期的骰子分为六面和四面两种，通常由骨头——更多是关节骨制成。

49 块出土于土耳其巴乌尔胡修克坟堆（距今约 5 000 年）的雕刻彩石可能是已知最古老的游戏道具。在相近时期的古埃及，出现了迈罕棋盘——迈罕是神话中的蛇神，然而我们并不了解游戏规则。在叙利亚和伊拉克的一些地区也出土了类似的物件，它们来自阿卡德文明和巴比伦文明等更晚期的文明。

有一种古代游戏的规则是我们所熟知的，那就是皇家乌尔游戏——一个由骰子配合、使用棋子在棋盘上进行的赛跑游戏。这个游戏在历史长河中幸存下来，几个世纪后的古埃及人还在玩这个游戏。被罗马人称为卢索斯·多得奇姆的纯骰子游戏可能也是从古代传下来的。

古埃及人还玩过一种早期的国际跳棋。塞尼特棋在一块刻有 30 个格子（以 3×10 排列）的棋盘上进行，游戏目标是到达棋盘的另一端。在古埃及遗址中还出土了其他玩具，如可以张嘴的玩具鳄鱼和一些木制娃娃——这些娃娃看上去是用于娱乐活动而不是祭祀的，如，一个面包师娃娃做出了揉面团的动作。

到了希腊和罗马时期，许多现代游戏的原始版本就已经出现，包括手球、羊拐、井字棋和一系列棋盘游戏。尽管在当时的一些棋盘游戏中已经出现了代表不同角色（如用来重现战争场景）的棋子，但是象棋的出现要晚一点。据我们所知，在公元 6 世纪的印度就已经出现了象棋。大多数历史学家因此认为印度是象棋的发源地，但是也有人

古埃及人在下塞尼特棋（约前 1298—前 1235）

认为象棋是从中国传到印度的。

多米诺骨牌和骰子很像，因为它们上面都刻有数字 1 到 6。人们普遍认为多米诺骨牌源自意大利，但是最早的历史记载似乎出自中国的国家档案，其中记录了一副“32 颗、共标有 227 个点数”的骨牌被作为礼物献给了皇帝。

注释

① 希罗多德（约前 484—前 425），古希腊作家、历史学家，著有《历史》。

② 羊拐，旧时代中国北方（特别是东北地区）的一种玩具，是羊后腿的膝盖骨，共有四个面，以四个为一副，能提高人的敏捷力。

③ 吕底亚，小亚细亚中西部一古国（约前 1300—前 546），濒临爱琴海，位于现在的土耳其西北部。

最早的滑雪运动员

最初的滑雪板是木制的，被用作冰雪路面上的交通工具，而不是体育用具。因此，遗留下的滑雪板很少。然而，在俄罗斯东北部的维斯（靠近乌拉尔山脉）的一处泥炭沼泽里，酸性物质中保存下了一块木制滑雪板的碎片。最令人惊叹的是，它的前端装饰着雕刻过的麋鹿头，可能有刹车的功能。

在挪威北部的一座小岛上，我们发现了最早描绘人类滑雪场景的图像。一幅大约 4500 年前的岩画上画着一个人，该人站在长度是自己身高两倍的滑雪板上，用一根棍子控制方向，半蹲着身体——这是现代滑雪中标准的下坡姿势。他似乎穿着某种特殊的服装，看上去仿佛长着野兔的耳朵——兴许这是猎人的幸运符。

第二章

机械与工业技术发明

亚历山大港的希罗和他的绝妙蒸汽机

发明地：希腊

时间：公元 1 世纪

亚历山大港的希罗（10—85）曾是缪斯之家[①]里的一名优秀的数学和物理教师。他和阿基米德一样，擅长将学术知识转化为精妙的发明。他的发明包括世界上第一台自动售货机——投入一个 5 德拉克马的铜币，人们就可以获得一定量的圣水。他还发明了风力驱动的风琴、压力泵和非常出名的以他的名字命名的独立喷泉。

为了在神殿里营造神秘的氛围，他还帮牧师们制作了一组自动门。自动门的工作原理是先点火加热密封在金属球体里的水，然后蒸汽推动热水通过管子流进桶里，水的重量再带动滑轮组将门拉开。当火熄灭的时候，冷却的水被吸回球体里，空桶升起，门又自动关上。

这些发明的运作大多依赖重量的转移或封闭系统中的水。售货机的工作原理是用铜币的重量带动一个小盘子，使阀门打开，圣水流出。希罗的独立喷泉则由流体静力能（指的是让物体在水中显得更轻的浮

汽转球被认为是世界上有文字记载的第一台蒸汽机

力因素）驱动，神殿的自动门则由热水的膨胀和蒸发驱动。希罗创新性地将这些技术组合，创造出了汽转球——这可以称得上是世界上第一台蒸汽机，也是他最著名的发明（也早早预示了喷气式引擎的出现）。

汽转球由一个装有水的密闭大锅组成，需要用火来对大锅进行加热。当水温上升时，蒸汽随着两根管子上升。这两根管子组成了转轴，可以让装在管子中间的球体绕轴旋转。这颗球体上有两个出气孔，可以让蒸汽冒出。蹿出的蒸汽推动球体绕着转轴快速转动。（一个汽转球的现代仿制品的转速达到了每分钟 1500 转，即使跟当今的蒸汽涡轮机比起来，也很了不起。）

众所周知，希罗的蒸汽机实际上并不是一种实用的发电装置，原因很简单——效率太低。它的出现更像是一个机械奇迹，而不是工业重器。但从理论上来说，如果将同样的技术应用在汽缸和活塞上（希罗曾在制作其他机器时使用过汽缸和活塞，如灭火泵），可以制造出更靠谱的机器。希罗没有在蒸汽机中使用汽缸和活塞，其中的原因我们不得而知。有人猜测，当时奴隶制盛行，战争的阴霾愈演愈烈，因此发明家大多将注意力集中在令人印象深刻的新奇之物、可以给人带来快乐的消遣用具或者可以在战争中派上用场的军事应用上，而不是试图用机械发明取代现成的奴隶劳动力。

要理解希罗的发明的伟大之处，我们需要记住一点——真正的蒸汽机直到 17 世纪才出现。西班牙发明家耶洛尼莫·德·雅兰齐·博蒙特在 1606 年注册了一项简单的蒸汽水泵的专利；英国人托马斯·萨弗里在他于 1698 年发明的蒸汽泵中使用冷凝蒸汽加压泵水；英国工程师托马斯·纽科门的大气蒸汽机在 1712 年才投入使用，为采矿业供能；直到 1781 年，詹姆斯·瓦特才发明了世界上第一台可以持续工作的蒸汽机。因此，希罗完全配得上他的外号“米查尼科斯”——这在希腊语里是“工程师”的意思。

注释

① 缪斯之家，据传是由托勒密一世创建的一所学院，内含著名的亚历山大图书馆，是科学、哲学、音乐、诗歌之家。

亚历山大灯塔：世界上最早的灯塔

发明地：埃及的亚历山大

时间：公元前 3 世纪

灯塔可能是希腊人发明的，而罗马人则满怀热情地运用灯塔设计在帝国四周筑造了一系列令人惊叹的宏伟建筑。《荷马史诗》中将来自那普良（位于伯罗奔尼撒半岛）的帕拉马迪斯认定为灯塔的发明者（他也被誉为重量和度量的发明人）。除此之外，在公元前 5 世纪，雅典政治家地米斯托克利曾主持在雅典的比雷埃夫斯港口的入口处修建灯塔。这座灯塔屹立在一座高耸的石柱之上，可以更有效地照亮周边地区，即使在远海也依旧可见。

最出名的古代灯塔是被誉为世界七大奇观之一的亚历山大灯塔。亚历山大大帝在法罗斯岛对面的地峡上建造了亚历山大港。它和岛屿中间的水域布满了石头形成的巨型防浪堤，被称为“Heptastadion”，因为有“七座体育场”那么长——一座体育场的长度大约是 180 米。得益于防浪堤，亚历山大拥有了一处巨型内港。

埃及亚历山大港灯塔（高约 106 米，建于公元前 280 年，毁于 1480 年）

在亚历山大大帝死后，人们在岛上兴建了一座巨型灯塔。该灯塔于公元前 280 年开工，公元前 247 年竣工。这座由石灰岩筑成的塔高约 106 米，在巨大的方形底座上，矗立着八边形的塔身，最上面是圆形的塔顶。据传，从 160 千米外就可以看见塔顶熊熊燃烧的火焰。在白天，一面巨型镜子被放置在塔顶，向海的方向反射阳光，让海里的船可以找到回家的方向。

建造灯塔的目的是引导船只安全进港。同时，它也是一座闻名世界的巨型标志性建筑，因为它十分雄伟壮观。很快，“法罗斯”（Pharos）就成了灯塔专属的名字，而不再是岛屿的名字。许多现代语言中的灯塔一词都源于此：如希腊语里的 pharos、意大利语里的 faro、法语里的 phare 和罗马尼亚语里的 far，而俄语里的车前灯一词，则是 fara/фара。

灯塔完好地矗立了 1000 多年，但在 956 年、1303 年和 1323 年的地震中受到了不同程度的损坏。1480 年，灯塔的残存部分被改造成了堡垒。据传，在 10 世纪时，一个拜占庭间谍获得了埃及人的信任，获准在法罗斯岛上挖掘神秘宝藏，对灯塔造成了最初的破坏。据说他采用了十分诡诈的挖掘方式，对灯塔的地基造成了致命伤害。

极简金属工艺史

利用金属制作工具和装饰品的技术在人类文明发展进程中扮演了重要角色，此处列举古代文明在金属工艺上取得的一些重大突破：

☆ 人类最早使用的金属是铜、金和陨铁（从陨石中提取的铁）。

☆ 最早的金属工具是由铜制成的，大约出现于公元前 9000 年。

☆ 在伊拉克发现的一个铜制坠饰来自公元前 8700 年。

☆ 和今天的我们一样，石器时代的人类也对金子和银子着迷，并早在公元前 6600 年就已经学会用它们来制作珠宝。

☆ 最初，人们使用的铜是原生态的。直到大约公元前 3500 年至公元前 3000 年，中国人和欧洲人各自独立掌握了铜冶炼技术。

☆ 冰人奥兹[1]（发现于欧洲的阿尔卑斯山脉）死于公元前 3200 年左右，他的头发里有砷的残留；此外，他还有一把高质量的铜斧，这表明他从事过冶铜业。

☆ 锡矿开采始于公元前 3000 年。我们在德国和捷克共和国边境的厄尔士山脉发现了最古老的锡矿遗址。

☆ 青铜时代始于约公元前 2300 年，那时的人们掌握了冶金技巧（将两种金属混合在一起制作更坚硬的合金）。青铜便是铜和锡的混合物。

☆ 到了公元前第三千纪，美索不达米亚文明时期的宫殿里就有数百千克精雕细琢的铜和金的展品。他们还使用青铜制作武器。

☆ 在公元前 2000 年，南美洲的秘鲁人就开始对金子进行细致的雕琢。到了公元前 1400 年至公元前 1000 年，奥尔梅克文明时期的工匠已经可以将铁打磨得光滑如镜。

☆ 同时期的古埃及人使用古老的火烧法（用火焰加热石头以便将其粉碎）及挖矿技术来获取大量的金子。

☆ 冶金术直到中世纪才传到南美洲。在那之后，阿兹特克、印加和玛雅文明时期的人都掌握了高度复杂的使用合金的方法和镀金技术。

☆ 古希腊人最先掌握了青铜铸造。

☆ 钢铁是铁的加强版。铁器时代始于约公元前 1200 年至公元前 800 年，其特征便是大量的钢铁被生产出来。而在此之前，铸铁和锻铁已经被使用了 1 000 多年。

☆ 在 2 000 多年以前，坦桑尼亚地区的人们独立开发了炼钢技术。哈岩（Hayan）人使用露天的土制熔炉和草来提供将铁转化为钢所需的碳元素。

注释

① 冰人奥兹，是一具有 5 300 年历史的木乃伊，在 1991 年由一对意大利夫妇在意大利境内的阿尔卑斯山发现。

希腊科技

公元前 300 年至公元 150 年间的希腊文明之所以引人注目，是因为它创造出的很多装置在西方世界和信仰伊斯兰教国家沿用了超过 1000 年，包括螺杆、风琴、转盘、速度计、潜水装置、羊皮纸、屋顶瓦片、防浪堤，等等。

古人发明的非人力推动的四种装置是水车、风车、蒸汽机和牲畜，而这一时期的希腊人最先使用了前三种。除了希罗和阿基米德，著名发明家还有“气体力学之父”克特西比乌斯（前 285—前 222）。他利用气体力学发明了一种强有力的水泵（详情见 26 页），并且发明了世界上第一台风琴。现代钢琴的琴键设计便源自他的原始风琴。

辐条轮

发明地：俄罗斯

时间：公元前 2000 年

我们一直把轮子当成最重要的古代发明之一，但轮子的演变是循序渐进且相当缓慢的。石器时代的人们就已经意识到，把重物放在圆木上，可以更加轻易地移动它们。兴许正是这样的生活场景激发了创造轮子的灵感。早在大约 6 000 年前，制陶工人就已经开始使用转轮，公元前 3500 年的美索不达米亚地区就给我们提供了不少例子。

轮式车辆出现的第一个确凿证据也是来自同一时期。一个出自波兰南部的漏斗颈陶文化[①]（前 3500—前 3350）的陶罐上绘有一辆装有四个轮子和两个车轴的马车。最初人们使用的是石头轮子，可是没过多久，更轻便的木制轮子就获得了青睐。

可是，木制轮子的重量也不轻，所以早期的车辆并不适合在不平坦或潮湿柔软的路面上行驶，而辐条轮的出现则打破了这一局面。辐条轮最早在公元前2000 年左右出现在俄罗斯草原上的辛塔什塔文化。

在埃及墓大量出土的战车车轮（约公元前 1400 年）

在随后的几个世纪里，高加索地区的骑马部落一直用辐条轮制作战车。

那一时期的车轮工匠首先使用一种叫作辐刨的特制工具从实心圆木中雕刻出一块块三角形区域，留下一个外环、一个内环（内环上凿有安装车轴的圆孔）和连接两个圆环的辐条。辐条还起到了加固车轮结构的作用。这样制成的辐条轮要轻得多，但依旧耐用。渐渐地，这种车轮制造工艺传遍了欧洲。在一些地区（包括凯尔特文化区域），这一技术还获得了升级改造——铁制轮圈取代了木制轮圈。

随着轮子的出现，对平整路面的需求自然也就变得更加迫切。自大约公元前 500 年起，罗马人将修路的技术发展到新的高度。可是，早在品质优良的罗马道路名扬四海之前，辐条轮就已经在平坦的俄罗斯草原和高加索地区得到了有效和大范围的使用。

注释

① 漏斗颈陶文化，又称 TRB 文化，是斯堪的纳维亚南部和中欧北部最早的新石器时代农业文化，典型器物为颈部向上敞开呈漏斗状的杯和碗。

史前发明

轮子的出现在人类发展史中添上了浓墨重彩的一笔，但它绝不是人类最早的技术突破。在轮子出现之前，其他几种重要的发明已经在人类的生活中存在了几千年。

最早的缝衣针存在的证据来自 6 万多年前——在南非的西布杜洞穴里发现的一块碎片似乎是骨针的尖端。在斯洛文尼亚的波托克洞里也出土了大约 4.5 万年前的骨针。在中国和俄罗斯也曾发现过骨头和象牙制作的针，它们距今大约有 3 万年了。

也许早在 17 万年前，人类就开始穿衣服了。目前的证据是基于一个关于人类体虱来源的科学假设。研究者认为寄居在衣服里的体虱是由那一时期的头虱进化来的，这意味着那时的人类应当穿着某种形式的衣服。与上文提到的缝衣针一样，最古老的染色亚麻纤维（由亚麻籽制成）是在格鲁吉亚的一个洞穴里发现的，距今已有 3.6 万年。

不同种类的绳子在史前就已经出现。最早的绳子是由植物的某些部分制成的，比如藤绳，为了增加绳子的韧性而将其交错编织，这可能便是最早的编绳术。在多尔多涅省（位于法国西南部）的拉斯科洞穴里，发现了留有绳子纤维痕迹的烧结黏土，距今已有 2.8 万年；还有双股绳的化石碎片，来自公元前 1.5 万年左右。

科学家通过碳元素分析，已经可以准确辨识出来自 1 万至 1.2 万年前的篮子。编织篮子的工艺很可能在这之前就出现了，但是因为它们大多数由植物或动物材料制成，容易腐坏，所以留存至今的样品少之又少。

1955 年，人们在荷兰的一处道路施工工地发现了庇斯独木舟[①]——现存最古老的船。它来自约公元前 8000 年，由掏空的松树干制成。但是，大约 4 万年前就已经存在的澳大利亚定居点和其他的考古证据指出，船只或木筏远在这之前就已经被用作横跨大面积水域的交通工具了。

最后，我们来聊一聊最古老的人类活动之一——音乐。笛子是我们知道的最古老的乐器。例如，在德国的盖森科洛斯特勒洞穴出土了约 4 万年前的笛子，上面有手工钻孔。最早的笛子由骨头或象牙制成，比如猛犸象牙、天鹅骨头或熊骨。

注释

① 庇斯独木舟，在荷兰格罗宁根的庇斯地区发现的世界上最早的独木舟。

起重机

发明地：希腊

时间：公元前 6 世纪

古时的作家，比如亚历山大港的希罗，将轮子列为六大传统“简易机器”之一。这些基础的工具让人们可以使用超出人力极限的力量。其他的简易机器有杠杆、楔子、斜坡、滑轮和螺杆（详情见 84 页）。其中，杠杆和楔子自石器时代起就已被使用；而在埃及人建造大金字塔（前 2600）之前，斜坡必定已经出现。也有可能早在其他更古老的简易工程中，人们就已经开始使用斜坡了。

利用斜坡运送沉重物资需要集中大量人力，效率并不高，因此滑轮的发明是人类科技史中的一个重大进步。据推测，美索不达米亚文明时期，于公元前 1500 年左右人们开始使用滑轮，但第一个确凿的证据来自古希腊。阿基米德（约前 287—前 212）曾记载了滑轮组在滑车系统里的应用。滑轮组的应用进一步提升了滑轮的效率，使人们用更少的力就可以举起同等重量的物体。公元前 6 世纪的希腊神殿里

罗马三滑轮起重机

的石块上留有划痕和孔洞，意味着人们在建造过程中使用了起重机。

最简单的希腊起重机被称为三滑轮起重机（trispastos），由臂架（由两根连接在一起的桅杆组成的倾斜支柱，上面挂有绳子）、绞盘（一个可以转动和拉扯绳子的杠杆）和带有三个滑轮的滑轮组组成。这让操纵者获得了 3 对 1（三个滑轮对一个重物）的优势，一个人可以举起重达 150 千克的重物。在诸如帕特农神庙等许多宏伟建筑的施工过程中，起重机都发挥了重要作用。对于更重的物体，希腊人会使用一种五滑轮组的起重机（pentaspastos），甚至是更复杂的 3×5 组的起重机（polyspastos）。

罗马人也学会了使用起重机，并且利用它们举起了更惊人的重量。在巴勒贝克的朱庇特神庙里，一些重达 100 吨的石块需要被举到 19 米上下的高处，这就要用到远高于 19 米的大型起重机。

热气球

中国人早在公元前 3 世纪左右就开始使用无人热气球。一个古老的故事是这么讲的：军事家诸葛亮（他也叫诸葛孔明）在战斗中被围困，他放飞了一只灯笼来求救。从那以后，人们就把这种灯笼叫作孔明灯（也可能是因为灯笼的形状很像他在画像中常戴的帽子）。从理论上来说，使用古代的材料完全可以制作一个能载人的热气球，但是我们并没有找到很多支持这一理论的证据。尽管如此，在一份古代典籍中至少有一处提到了中国人“解决了航空指南的难题”，也许这意味着我们的确曾放飞过载人热气球。

描绘了不同物种形态的纳斯卡荒原巨画同样值得一提。公元 500 年至 900 年间的纳斯卡文明时期创作了这些巨画。这些巨画的尺寸之大，使得人们站在地面上的任何一点都无法看清它们的全貌，但是在空中向下俯视十分壮观。有人辩称这证明了纳斯卡人掌握了飞行技术，并且独立发明了热气球。（值得注意的是，这些巨画还被用来证明地球曾被来自外星球的“巨型宇航员”殖民——因此，我们应该小心，不要妄下结论。）

鸟瞰纳斯卡巨画

螺杆

螺杆是最晚问世的“简易机器”。据传，它是塔伦图姆的阿契塔[1]发明的。螺杆最初被用于压榨橄榄油和葡萄汁，而阿基米德螺旋抽水机的出现则将这一技术向前推进了一大步。顾名思义，这种抽水机是由阿基米德发明或推广的。（有证据表明，埃及人曾使用阿基米德螺旋抽水机。可能在此之前，古巴比伦空中花园的供水系统中就已经采用了这一设备。）抽水机和螺杆的工作原理相同，使用旋转产生的力将水送至高处，仅通过螺杆的旋转，就可以不费吹灰之力将水向高处输送。最初，它被用来灌溉土地和抽空船舶舱底的油和水。罗马人将它的应用延伸至矿井排水，在随后的数百年里，螺旋抽水机都是持续提水的最有效方式。

阿基米德螺旋抽水机

注释

① 阿契塔（前 428—前 350），希腊发明家。

隧道和矿井

发明地：斯威士兰

时间：4.3 万年前

早在史前时期，人类就已开始在地表之下探寻某些特殊的石头和金属。可用于制造武器和工具的燧石是最早被开采的石头之一。露出地表的岩层早晚会被挖完，旧石器时代的人类随即学会了沿着岩层向下挖掘。到了新石器时代（大约从 1.2 万年前起），世界范围内出现了数量可观的矿井和隧道。我们在斯威士兰的狮子洞发现了最古老的矿井，距今已有约 4.3 万年。旧石器时代的人类曾在这里挖掘赤铁矿，它可以被用来制作一种红色颜料——赭石。在同时期的匈牙利出现了燧石矿，这说明尼安德特人可能也会挖掘隧道来开采制作工具的原料。

到了古埃及和古巴比伦时期，人类在岩石中开挖隧道的掘进能力获得了巨大提升。在公元前第三纪早期，埃及的大型建筑工程离不开孔雀石、铜和绿松石的开采与挖掘——它们的产地遍布北非和中东。努比亚金矿是古时开采面积最大的矿井之一。到公元前 2180 年至公元前 2160 年，古巴比伦人的技术已经足以让他们修建一条长 914 米的穿过幼发拉底河河底的隧道。

最近，在欧洲大部分地区新石器时代定居点的地下发现了数百条隧道，这成为最令人着迷的考古发现之一。其中的数百条隧道至今也没有倒塌。考古学家最近统计，从苏格兰北部一直到地中海沿岸总共有数千条隧道散布于欧洲各地。这些隧道的尺寸足以让一个人爬行通过，其中还零散分布着一些房间。现在，我们还不清楚它们是被用作安全出行的通道还是避难所，但是，这些隧道应该起着相当重要的作用，因为在岩石里开挖隧道需要耗费大量的精力。

油井和钻孔

发明地：中国

时间：3 世纪

钻洞并从洞中抽取液体要比挖掘石头和矿物复杂得多。到了汉朝（前 206—公元 220），中国的采矿工程师发明了一种巧妙的钻井技术，可以向下打通 600 米。首先在一个平台下安装一根或一组梁柱，再让工人们跳上平台，给梁柱施加压力，将钻头压入地下深处。与此同时，一队水牛或公牛拉动力臂，旋转钻头。（有趣的是，在更先进的技术传到 1860 年的加利福尼亚之前，几乎相同的方法被用在了第一波石油开采热潮中。）

到了公元 347 年，中国人开始使用安装在竹梁上的钻头挖掘油井。石油燃料可以被应用在多种工业生产中，如蒸发卤水制盐。在 10 世纪的文字记载中提到了连接盐池和油井的竹管输油网络。从 7 世纪起，中国和日本开始使用石油和天然气。

在世界其他地方，波斯炼金术士拉齐应该是第一个将蒸馏法（详情见21页）应用于石油提炼的人。在这个过程中，还顺带产生了煤油。从那以后，阿拉伯和波斯的工匠掌握了如何在生产（用于制作军用炮弹的）其他易燃物质的过程中提炼原油的方法。

玻璃制造

发明地：肥沃月湾

时间：公元前第三纪

肥沃月湾起始于尼罗河北端，一直向上延伸至叙利亚，然后掉转方向经过伊拉克，最终止于波斯湾。它孕育了苏美尔、美索不达米亚、巴比伦、阿卡德和古埃及文明，被称为最早的文明摇篮之一。我们在肥沃月湾的不同区域发现了最古老的人造玻璃碎片，但是，人们相信埃及人可能早在公元前第三纪左右就率先发明了玻璃制作的工艺。

玻璃在一些地方以黑曜石的形态天然存在，在史前就是全世界各

约公元 4 世纪的罗马“笼杯”
（这种特殊的口杯是地位的象征——现存仅 50 只。更多信息请见第 105 页的《莱克格斯杯》）

地贸易市场上的高价物品。玻璃制造的出现得益于金属加工的普及。最早的人工玻璃可能就是制造金属时产生的几滴副产物。

在公元前第二纪上半叶，玻璃制造工艺在埃及地区飞速发展。这一时期的玻璃制品有铸锭、器皿和串珠项链。到公元前1500年，精美的玻璃制品已经相当常见，生活在现如今黎巴嫩地区的腓尼基人就因为擅长制作玻璃而出名。最早的有色玻璃（通过向融化的玻璃中添加氧化物制成）也源自这一时期。最早的玻璃器皿是“核心成型”的——加热过的条形玻璃被裹在黏土制成的核上，然后反复加热融合成型。尽管这样做出的玻璃没有吹制的玻璃光滑，但是依旧令人惊叹。除此之外，还可以将有色玻璃的螺纹缠绕在容器的外面，作为装饰。

在公元前9世纪，玻璃制造工艺获得了复兴（紧随数个晚期青铜时代文明崩塌之后的历史“空档期”）。正是在这段时期，无色玻璃第一次出现。

我们所掌握的关于早期玻璃制造工艺的信息并不完整，其中的一个原因是玻璃工匠都极度保密。制作玻璃的手艺像秘密一样，仅在家族或工会组织内部传递，并不广泛分享，留下的任何纸质记录很可能都是用密码或暗语写成的。最早发现的玻璃制作手册被刻在楔形字石板上，出土于公元前650年的亚述宫殿。

吹制技术的出现是玻璃制造工艺的又一巨大突破。最早发现的样本来自公元50年的耶路撒冷。得益于这一技术，玻璃吹制工可以制作出更精美、更薄的玻璃器皿，最早的玻璃窗也由此诞生。要制作玻璃窗，首先要将玻璃吹成一个球体，然后再制作成两端留有开口的香肠形状，形成一个圆筒。用加热过的工具将圆筒从一边剖开，再用钳子将玻璃片取出来，摊开放置在平整的桌面上。

玻璃窗成了罗马家庭的地位象征——在罗马帝国的北部地区尤为明显。那里气候寒冷，富人的别墅若能装上玻璃，御寒效果便会大大增加。在随后的许多个世纪里，玻璃一直都是奢侈品。直到20世纪前后，它才成为寻常百姓家里的配置。

四大发明

发明地：中国

欧洲人一度认为人类历史上最重要的四大发明——火药、指南针、印刷术和造纸术——最早出现于西方世界。直到16世纪30年代，西班牙和葡萄牙水手的见闻在欧洲流传开来，说明了这些发明早已在中国出现的事实。

指南针最早出现于汉朝[①]（前206—220）。最早人们把它当作神奇的算命工具。我们并不确定它的导航功能是何时被人发现的，但在1040年的一本古书中曾提到一个可以用来指路的铁制“指南鱼”。在11世纪晚期，作家沈括[②]描述了一个磁针罗盘。尽管如此，这一时期最常见的罗盘并不是装在盒子里的转针（被称为“干罗盘”），而是浮在一碗水上的磁针（被称为“湿罗盘”）。

南美洲的奥尔梅克文明时期，人们可能早在公元前1000年就已经学会了使用湿罗盘，但是现在我们所掌握的证据——一根可能被放在水里当作罗盘的槽状磁石——并不确凿。

在公元850年左右，中国的炼金术士在寻找具有神奇功效的灵丹妙药时，无意中发现了火药。他们将硝石—— 硝酸钾（一种氧化剂）的俗称——与硫和木炭混合，产生了一种极易燃烧的神奇物质。随后，他们继续实验（可能在实验过程中烧掉了几根眉毛，甚至更惨），确定了正确、稳定的混合比例，只有你要它爆炸的时候，它才会爆炸—— 火药就这么诞生了。最初火药被用来制作“飞火”—— 一种火箭，箭柄上绑着装有火药的容器，可以燃烧。中国人在与蒙古人的战争中，充分利用了“飞火”、早期的手雷和大炮的巨大威力。火药渐渐经由伊斯兰世界传到了欧洲，意大利工匠在14世纪晚期最先将火药装进了手枪里。

我们曾以为是中国的朝廷官员蔡伦在公元105年左右发明了造纸术，他混合多种植物纤维（包括桑树、渔网和麻浆）造出了纸。然而，一项最近的考古发现指出，早在那之前的100多年，纸就已被使用了。纸最初被用作包装和衬料，后来又在中国演变成了各种发明，包括书写用纸（大约出现于3世纪）、厕纸（出现于6世纪）、茶包（出现于7世纪）和纸币（最早出现于公元960—1279年间的宋朝）。

最后，印刷术在唐朝（618—907）晚期就已经出现了。能确定年代的最古老的书是868年的《金刚经》。木版印刷的出现很可能早于《金刚经》100年。

这四项发明合称“四大发明”，至今都是中国人的骄傲。它们时刻提醒着我们，在文艺复兴之前，中国文明要比西方文明发达得多。

注释

① 编者注：指南针最早出现于我国战国时期，当时称为司南。

② 沈括（1031—1095），字存中，号梦溪丈人，浙江杭州钱塘县人，北宋政治家、科学家，著有《梦溪笔谈》。

活字印刷

人们倾向于将印刷机的发明归功于德国人约翰内斯·古腾堡，但中国人在西方人之前发明了印刷术，在公元 9 世纪就使用了活字印刷。然而，活字印刷并未在中国流行开来，因为汉字过于复杂——相比起欧洲语言里的字母，要将 8 万多个汉字重新组合是一个漫长而又低效的过程。16 世纪后，西方的印刷机传入了中国，但木版印刷依旧更加方便、流行。直到 19 世纪，活字印刷才在中国和朝鲜获得了更加广泛的应用。

风车

发明地：波斯

时间：9 世纪

大约公元前 3 世纪起，世界各地的人们就开始使用水磨研磨谷物，包括希腊、中国、斯堪的纳维亚半岛上的国家和罗马帝国。在罗马的水磨中，最令人称赞的是一组 16 个相互连接的水磨，它位于现今法国南部巴尔巴莱的一处下坡地。它可以输出 30 多匹马力，每天最多可生产 27 吨谷物（足以喂饱 1 万人）。也许正是得益于罗马帝国丰富的河流资源，工程师并没有在采集风力资源上做过尝试。

亚历山大港的希罗早已使用风轮驱动机器，而远东地区的人们亦在 4 世纪左右便开始使用随风转动的转经筒。但直到公元第一纪晚期，波斯人才将这一技术应用在磨坊里。在波斯，风力资源比水力资源丰富。一份 10 世纪的文献曾记载道，第二哈里发[①]奥马尔——7 世纪的波斯统治者——建造了一座风车。然而，第一个经过证实的关于风车的记载出自波斯作家伊斯塔赫里。他描述了这样一座风车——它位于

位于伊朗（曾经的波斯）、世界上最古老的风车
在红土和稻草砌成的墙壁间，它们的木制叶片绕着垂直的轴旋转

一幢侧边部分敞开的房子里，有 6 到 12 块席子或布料制成的翼板，可以绕着垂直的轴旋转，整个结构看上去就像旋转门。

在接下来的几个世纪里，这种水平风车（或称为板式风车）传遍了中东、印度和中国。垂直风车（现在我们可以轻易就认出来的那一种）最早记载于 12 世纪的欧洲文献。人们认为这种风车最先在佛兰德斯出现，但是最早的确切记载出自 1185 年，其中描述了这样的风车出现在毗邻约克郡丘陵的亨伯河口（现如今已经荒废）的韦德利村。

注释

① 哈里发，穆罕默德去世以后，对伊斯兰阿拉伯政权元首的称谓。

潜水

探索海平面以下的大洋深处，一直是人类的梦想。可是，如果仅仅依靠闭气而没有呼吸设备，人类不可能在水下待很久。

在中世纪的浪漫故事中，有这样一个迷人又神秘的传说：亚历山大大帝（前356—前323）曾乘坐一个玻璃潜水球深入水下直到海底。据传，他在那里遇见了鱼之王。这个故事听上去十分奇怪。第一个关于水下呼吸装置的真实记载，出自亚里士多德的笔记。他是亚历山大大帝的老师，也因他在哲学和科学上的造诣被后人铭记。他解释了潜水员在水下行走的原理——“他们装备了呼吸装置，可以从水面上获取空气。就像大象的长鼻子，只不过象鼻子是大自然赐予的。”直到11世纪，更加精巧的呼吸装置才出现。在长时间潜水时，阿拉伯湾的采珠人会在胸前绑上充满空气的皮兜子作为氧气的来源。

第三章

未解的古代发明

古代纳米技术

发明地：大马士革

时间：公元 300 年

我们总觉得自己比祖先更聪明，我们的技术比祖先的更先进。然而，在进行分析对比时，我们发现有些古代技术要胜过现代技术，而且我们至今都无法完全复制它们。特别是有几件工艺品，它们的超凡品质竟得益于纳米技术的使用。

古人在制作这些工艺品时依据的并不是相关的科学知识，而是在生产过程中的反复尝试，最终成品的质量取决于如何处理肉眼看不见的微小粒子（纳米复合材料）。因而，随着生产工艺的不断进步，现今虽然我们可以用高分辨率显微镜分析它们的分子结构，但是不足以揭示生产它们的过程，以及对它们进行百分之百的复制。

大马士革钢

古代纳米技术最早的应用之一便是大马士革钢，它产于300年至1700年间的中东地区。用这种钢材制作的武器异常坚硬、锋利且不易破碎，以至于在工业革命之前，它的品质无可匹敌。大马士革钢的制作工艺失传于18世纪。直到最近，科学家才得以利用显微技术来分析这种金属的样品。

来自德累斯顿大学的晶体学家皮特·保夫勒发现，大马士革钢里存在着一种名为“碳纳米管”的微结构。它们是由碳形成的极为坚硬的管状或线状结构，一直延伸到金属表面。他还在研究中发现大马士革钢里掺杂着数种微量物质，可能正是它们诱发了某种化学反应，从而形成了碳纳米管。这些物质包括耳叶决明①的树皮、铬、马利筋②、钒、锰、镍、钴和一些未知元素，最关键的成分可能就是未知元素里的一种。一旦含有这种元素的矿石耗尽，大马士革钢的秘密自然就失传了。

因此，尽管保夫勒的研究告诉了我们很多有关大马士革钢生产工艺的信息，但我们仍旧不知道它到底是怎样被制作出来的，而且很可能我们永远都没法知道了。

如果你在互联网上搜索大马士革钢的图片，千万要小心那些打着大马士革钢的名号进行售卖的现代仿品——最好还是去看博物馆提供的图片，因为那些武器是经过鉴定的货真价实的大马士革钢。

注释

① 耳叶决明：豆科，决明属，多年生亚灌木状披散草本植物，分布于印度、新加坡，中国台湾也有栽培。

② 马利筋：又名莲生桂子花、芳草花、水羊角，萝藦科宿根多年生草本，灌木状，观赏性强；全株有毒，可入药；原产拉丁美洲的西印度群岛，现广植于世界各热带及亚热带地区。

在公元 300 年至 1700 年间，用大马士革钢制作的武器异常坚硬和锋利，
但是大马士革钢的生产工艺在 18 世纪失传了

莱克格斯杯

莱克格斯杯大约诞生于400年，是一个装饰玻璃杯，更是一件非凡的古罗马艺术品。它被嵌在金属保护套里，杯身上面雕刻着神秘的国王莱克格斯图像。这个杯子有一个非常奇异的特性——它是二向色的，这意味着当光线从不同的角度射向杯子时，杯子会闪耀着不同的颜色。光线如果从后方射入，它呈红色；从前方射入，则呈绿色。还有一些现存的罗马玻璃碎片也有这样的特性（可以呈现出很多种色彩），但是莱克格斯杯是唯一一件保存完好的样品。

利用现代生产工艺，我们可以通过给玻璃镀上极薄的金属膜或氧化物膜来达到这种效果。然而，莱克格斯杯的制作工艺在很长一段时间里都是一个谜。直到最近，有人用高分辨率显微镜观察了一些这样的玻璃碎片，发现这一神奇现象原来是由悬浮在玻璃里的微量银和金的纳米微粒造成的。尽管如此，我们还是不清楚罗马工匠是怎么创造出这种效果的，尤其是如何在熔融玻璃定型前确保银和金粒子可以均匀分布。尽管我们不能重现这一现象，但是我们至少可以去大英博物馆欣赏莱克格斯杯的美丽（尽管它经常被外借展出）。

这个约诞生于 400 年的装饰杯的玻璃是二向色的，
意味着玻璃的颜色会随着光线的角度发生变化

玛雅蓝

另一个神奇的考古发现地址位于哥伦布时期的玛雅城市奇琴伊察。玛雅蓝产于800年左右，是一种极耐腐蚀的天蓝色染料。分子分析显示，玛雅蓝中的黏土与纳米孔及靛蓝色染料发生了化学反应，生成了一种高度稳定的色素。

这一化学机制赐予了玛雅蓝防腐蚀的特性，并被科学家用来研究新型耐候性、稳定性的染料。例如，都灵大学的研究者试图利用同一方法生产不同颜色的耐腐蚀染料，而法国国家科学研究中心则在探索可以通过有机染料进行染色的一系列纳米孔材料。

玛雅蓝的例子告诉我们，古人的创造性为今人理解纳米科技指引了新的方向。这些非凡艺术品的创造者可能并不完全了解他们手中的纳米复合材料，但是能不断地引发我们的思考。

巴格达电池

发明地：萨珊王朝[1]（位于现在的伊拉克）

时间：公元前 3—6 世纪

2003 年，在伊拉克战争造成的众多损失中，有一件被称为巴格达电池（或帕提亚电池）的神秘文物。在战争的混乱中，它被人从伊拉克首都的一座博物馆里抢走。据报道，考古学家于 19 世纪 30 年代在靠近市区的格加特拉布阿村发现了巴格达电池。它由一个高 13 厘米[2]的陶罐组成，里面有一根嵌在铜管里的铁棒。在那里一共出土了 12 件类似的文物，巴格达电池是第一个被发现的。这些容器的内壁都有腐蚀的痕迹，意味着它们曾盛有酸性介质。

德国考古学家瓦利哈拉姆·卡维尼格提出了一个非凡的理论——它是古代电池。他的依据是醋或酸性果汁之类的电解质溶液可以产生电荷，再由铜管或铁棒导出陶罐。卡维尼格进一步推断，萨珊人可能知道如何使用这种电流来电镀饰品。巴格达博物馆里保存的一系列带有极薄镀膜的文物可以支持他的理论。

古代文明时期，人们知道如何产生电，不代表他们理解其中的原理，更何况由于简陋的制作工艺，这种古代电池里存贮的电量很快就会跑光。尽管如此，现代仿品向我们展示了类似的设备的确可以产生一定的电量，这已足够令人赞叹。其他专家对于卡维尼格的电镀理论有所质疑，因为使用当时已经存在的非电镀方法就可以轻易制作博物馆里其他文物上的镀膜。此外，并没有证据表明这些电池曾被串联在一起，而只有这样才有可能产生进行电镀所需要的强电流。

另一种理论是电池产生的微量电流可能被用于治疗目的。比如，它可能被用来治疗足底，这也算是电疗的早期形式。

不管解释是什么，巴格达电池的存在进一步告诉我们，古代文明所拥有的一些技术比我们想象中的要复杂得多。令人遗憾的是，巴格达电池的失踪意味着我们可能没有机会去进行更多的测试来探索它们的来源和用途。

注释

① 萨珊王朝（224—651），也称波斯第二帝国，是古代波斯最后一个王朝。

② 编者注：一些资料上为 15 厘米。

打不碎的玻璃

发明地：罗马

时间：公元 1 世纪

有一个（可能是虚构的）故事里说道，早在钢化玻璃出现前的许多个世纪，提比略大帝[①]统治时期的罗马人就已经发现了打不碎的玻璃。提比略大帝以他的军事成就著称，但他也是一个非常阴郁、喜欢独居的人。据传，当时一位有名的发明家拜访了大帝，并告诉他自己有一项惊人的发现——他掌握了制作在任何情况下都不会破碎的玻璃的秘诀。

提比略大帝问发明家，除了屋子里的他们俩，是否还有别人知道这个秘密。发明家向大帝保证，他是第一个掌握这个秘密的人。这时，大帝召唤守卫，将可怜的发明家拉出去处死了。提比略之所以这么做，是因为他不想在史书中被写成让所有玻璃工人失业的君主。

注释

① 提比略大帝（前 42—37），罗马皇帝。

罗马混凝土

发明地：罗马

时间：1 世纪

如果有人问你："罗马人为我们做了什么？"看过这篇故事之后，你的答案可能会变成："他们教会我们如何制作更好的混凝土。"

很久以前，我们就知道罗马混凝土的耐久性非同一般，特别是当它被用于建造海堤、防浪堤和码头的时候。比如，以色列的凯撒利亚港口建于公元前 1 世纪晚期，修建港口所用的异常坚硬的混凝土经过了许多个世纪的海水冲刷，形状都没有改变。

尽管混凝土是罗马人的骄傲，但它的制作方法一直都是一个谜，直到最近才被解开。老普林尼[①]在公元前 1 世纪骄傲地写道："对于海浪来说，混凝土是坚不可摧的，并且它每天都会变得更加坚硬。"混凝土的基本配方记载于公元前 2 世纪的维特鲁威[②]的著作。他指出，要制作结构砂浆，应将火山灰（来自波佐利的棕黄色火山砂或来自那不勒斯附近海岸线的红棕色火山砂）和石灰（氧化钙）以 3∶1 的比

凯撒利亚港口建于希律王时期，它的混凝土结构依旧清晰可见

例混合。

尽管如此，对样品的分析显示，混凝土中含有铝托勃莫来石[③]这一矿物质，而罗马人应该不具备生产这种物质的技术。美国地理学家玛丽·杰克逊和他人合著了一篇有关罗马建筑的文章，其中涉及罗马混凝土。他们的文章里记录了对罗马码头和港口的混凝土的分析。令人意外的是，他们发现铝托勃莫来石实际上是在混凝土内部形成的——石灰和火山灰与海水发生化学反应，并释放出热量。

此外，这一团队还发现托勃莫来石与菲利普斯岩（另一种晶体矿物）一起，在混凝土内部持续地生长。这是因为渗入混凝土里的海水与火山灰中的晶体持续发生反应。这意味着，与现在的混凝土不同，细小的裂缝不但不会扩大，反而会被不断产生的托勃莫来石与菲利普斯岩加固。

这说明，我们可以向罗马人学习，在未来的水下混凝土建筑中采用相似的化学配比，让它们和经典的罗马混凝土一样经久不衰。

注释

① 老普林尼（23—79），罗马作家、哲学家、历史学家，著有《自然史》。小普林尼是他的养子。

② 维特鲁威，古罗马工程师、建筑师。

③ 托勃莫来石，一种耐高温的高强度材料，可用于陶瓷、冶金、铸造等行业，其成分中的硅可被铝取代。

亚述的尼姆鲁德透镜

发明地：现在的伊拉克

时间：公元前 750 年

有关古亚述文明（约前 2000—约前 600）时期的未解之谜之一是，当时人们似乎拥有高度的天文知识——格外值得一提的是，他们将土星描述为被大蛇所环绕的神灵。有些学者推测，这可能意味着他们想办法观测到了土星外围的光环。但是，在没有望远镜的情况下，这是不可能做到的，而望远镜直到 17 世纪才被发明出来（详见第 186 页）。

“尼姆鲁德透镜”也许可以帮我们解开这个谜团。约翰·莱亚德爵士在亚述的尼姆鲁德宫殿里发现了这块透明的水晶石。它大约诞生于公元前 8 世纪，呈椭圆形，表面被精心打磨得十分光滑。这使它变成拥有三倍放大功能的放大镜，不过对焦并不是很清楚。人们通常认为，尼姆鲁德透镜和其他的古代镜片一样，是一件装饰品，或是用来生火的凸透镜，又或是短距放大镜。

约翰·莱亚德爵士认为，亚述工匠可能利用这个透镜来进行细微

藏于伦敦大英博物馆的尼姆鲁德透镜，约公元前 8 世纪

而精致的雕刻，比如说那些出现在同时期文物上的雕刻图案。意大利科学家乔万尼·佩蒂纳托的意见正好相反，他认为尼姆鲁德透镜可以和其他的镜片组合成一个望远镜，尽管对焦不是很准确，但可能足以让亚述人掌握有关太阳系的更多信息，甚至可能观测到了土星周围的圆环。

这个想法非常前卫，以至于很多历史学家都不赞同。尽管我们知道在古代有许多镜片——最早的一些来自公元前 2500 年（古埃及）和公元前 1500 年（克里特岛的诺索斯）——但学术界的共识是，这些镜片都是古人出于好奇制作的玩具或家用工具，他们不可能掌握将镜片叠加在一起制作望远镜的方法。尽管如此，就像本书中提到的其他伟大发明一样，我们有时候并没有给予祖先应有的尊重。因此，至少我们应该保留这种可能性——亚述人早于我们几千年前就已经用望远镜观测天空了。

斯堪的纳维亚太阳石

发明地：冰岛

时间：13 世纪

冰岛的文献中数次提到了太阳石——一块神秘的水晶，即使在阴天或是太阳落山之后，也可以神奇地指出太阳的方位。例如，在冰岛的传奇故事中，维京国王奥拉夫让仆人西格尔在下雪天指出太阳的方位。为了验证他的答案，“国王让他们取来太阳石，然后将它举起来，观察光线从石头中射出的方向，从而直接证实了西格尔的预测”。这样的水晶可以被用作绝佳的导航工具，尤其在维京人航行的北方水域。我们知道维京人是伟大的航海者，因为早在克里斯托弗·哥伦布前几百年，他们就已经找到了通往格陵兰岛和北美海岸的航路。可是这样神奇的太阳石实在不大可能真实存在，很多历史学家都将这个故事当成神话。至少，不久前他们是这么认为的。

在奥尔德尼海峡岛沿岸的一艘伊丽莎白时期的沉船里发现的一枚浑浊水晶让科学家们信心大增——太阳石的传说可能是真实存在的现

象。它由冰岛晶石制成，与一盒扑克牌的大小相仿，被发现时与其他的导航工具放在一起。它的出现，不但有可能证明太阳石的存在，还有可能证明都铎时期[①]的水手依旧掌握着它的用法。

之所以这么说，是因为丹麦考古学家托尔基德·拉姆斯库推测，太阳石可能是由冰岛晶石或堇青石这类可以偏振光线的矿石制成的。由盖伊·罗帕斯领导的一个小组研究了这一理论，发现冰岛晶石的确可以被用来寻找隐藏的太阳方位，精度在几度之内。要找到太阳的位置，你需要在眼前摆弄这块石头，并观察光线的纹路。如果在晶石上面放置一个点状物体，你可以从下面观察到亮度各异的两个小点。这是因为太阳光线被去极化[②]，并被沿着不同的轴平移。如果你转动晶体，使这两个点的亮度相同，你便指向了太阳的方向。

有一点不得不提，那就是其他科学家曾试图复制这一实验结果，但是结果并不确定。尽管如此，罗帕斯团队的研究成果和在这艘都铎沉船里的发现，都给我们足够的理由去怀疑太阳石可能并非是个神话，而是一种从它的原始主人的后人手中失传了的伟大古代科技。

注释

① 都铎时期（1485—1603），即都铎王朝时期。都铎王朝是亨利七世在 1485 年入主英格兰、威尔士和爱尔兰后开创的一个王朝，统治英格兰王国及其属土周围地区。

② 去极化，一种物理现象。

安梯基齐拉机

发明地：希腊

时间：公元前 2 世纪

安梯基齐拉岛位于克里特岛和希腊之间。它的名字的意思是“基齐拉的对面”，基齐拉则是毗邻的一座大岛。1900 年，一个希腊潜水员在岸边不远处发现了一艘沉船。据推测，这是一艘公元前 1 世纪的罗马战舰，船上装有很多珍贵的文物，最早可追溯到公元前 4 世纪。有可能这艘船装载着雅典大劫掠（发生于公元前 87 年至公元前 86 年间）的战利品，也有可能船上的货物是被运往罗马进贡给恺撒大帝的。

从沉船上发现的文物大多很快就被辨认了出来，唯独有一件文物困扰了历史学家几十年，它便是最神秘且迷人的安梯基齐拉机。安梯基齐拉机是一个破损的木制盒子（大约有鞋盒那么大），内含 30 个相互连接的齿轮和杠杆。著名的物理学家理查德·费曼曾形容它“完全与众不同，又十分奇怪，以至于几乎不可能是……这是某种带有齿轮传动的机器，和现在的发条闹钟的内部构造很像”。

它一直困扰着考古学家，并被世人或多或少地忽略。直到1951年，历史学家德里克·德·索拉·普莱斯对它着了迷。经过20年的潜心研究，他发表了一些初步结论，但是直到他在1983年去世时也没能完全搞懂这一装置。然而，学者们的注意力渐渐转移到了西塞罗[①]对被称为“阿基米德球”的机械天文仪的描述上。阿基米德球可以展示太阳系中的星体相对于地球的运动。而安梯基齐拉机上的通用希腊语[②]铭文似乎也支持这一理论，更何况表盘和圆环还被刻上了希腊的黄道星座和日历。

在过去的几十年里，人们已经确定了这个机器的确是用来记录阴历日期的装置，并且还可以预测月食、月亮的位置及月相。除此之外，它还可以记录节气、节日和重要活动，比如奥运会。最令人称赞的一点是它可以十分精准地计算月亮周期，并且模拟它的椭圆轨道。因此，它被称为“世界上第一台模拟计算机”。尽管这么说听起来有点夸张，但是，既然出现在数字计算机之前的机械辅助装置——如滑尺和潮汐预报器——都可以被叫作模拟计算机，那么安梯基齐拉机也完全配得上这个称号。

剩下的谜题就是谁是它的拥有者和发明者。一种推论是它的发明者是希帕克——公元前2世纪的天文学家和数学家，因编写出世界上第一张三角函数表和相当精确地估算出地球到月球的距离而被后人铭记。西塞罗指出，波希多尼[③]——他接替希帕克成为罗德岛上的学校

安梯基齐拉机的模型

的校长曾制作过星象仪，这意味着他俩可能合作设计了这一装置。

这个谜团可能永远也不会被解开。我们也无法得知，除了幸存下来的安梯基齐拉机，其他人是否也曾制作过同样的装置。尽管如此，这个机器（以及它的现代仿品）告诉我们，当时的一些希腊人的思维是多么严密复杂。

注释

① 西塞罗（前106—前43），古罗马政治家、演说家、雄辩家、法学家和哲学家。

② 通用希腊语，又译民间希腊语、共通希腊语，是指公元前3世纪到公元3世纪时期，在欧洲及中东所流行的希腊语。

③ 波希多尼（约前135—前51），古希腊斯多葛学派哲学家、政治家、天文学家、地理学家、历史学家和教育家。

第四章

军事发明

阿基米德死亡射线

发明地：古希腊的锡拉丘兹

时间：公元前 214 年—公元前 212 年

锡拉丘兹的博学家阿基米德（前 287—前 212）是古代杰出的哲学家和科学家之一。除了阐述了杠杆原理，他还发明了许多精妙的机器和装置，包括阿基米德螺旋抽水机（至今仍被用于泵送液体）和世界上第一组动滑轮系统（详见第 63 页）。

他还因为设计了多种战争武器和弩炮而出名——这些武器保护了他的家乡城市免遭罗马人的入侵。这其中就有被称为“撼船机”的巨型吊臂。吊臂的一端连接着一个金属抓钩，当它划过水面时，可以放下抓钩钩住船只并将船身击碎，造成巨大的破坏。在 2005 年的一档叫作《古代世界的超级武器》的电视纪录片中，人们利用古人可以获取的材料仿制并测试了撼船机，证实了这一发明的可行性。

关于阿基米德的武器的传闻中，最令人惊叹的是他发明了一种“死亡射线”（或者叫作“热射线”），可以将太阳能汇聚成一股高能光束，

阿基米德死亡射线（热射线）

足以点燃敌人的木制战船。关于死亡射线工作原理的说法有很多种，其中一个版本是阿基米德使用了凹面镜来汇聚光束；而在另一个版本中，他让城里的士兵使用抛光的铜制盾牌来聚光。

这个机器到底是否存在，或是否可行，还有待讨论。1973 年，希腊科学家伊奥妮丝·萨卡使用 70 面镀铜的镜子制作了一种死亡射线，并将光束瞄准由胶合板制成的战舰模型。模型迅速着火并且烧成了灰烬。然而，模型距离武器仅有短短 50 米，这让实验结果不那么具有说服力—— 在这么短的距离，使用燃烧箭显然更加简单。除此之外，罗马战舰很可能是使用雪松等木材打造的，没有胶合板那么易燃。

近些年，美国电视节目《流言终结者》为了重现这一实验结果，多次号召观众们去制作切实可行的死亡射线。2005 年，麻省理工学院的学生们声称取得了初步成功，他们设法在 30 米外成功点燃了一艘假船。在节目中，他们试图从更远的距离重复实验结果，但是毫无疑问地失败了—— 尽管目标被局部点燃，但和故事里令人闻风丧胆的武器比起来，一点也不高效或迅速。关于死亡射线的争论会一直持续下去，直到有人成功制造出可以工作的模型。

古代机关枪

发明地：希腊

时间：公元前 3 世纪

提起机关枪，我们会毫无疑问地把它当成一种现代发明。其实早在古希腊就有了一种名为“多弹枪”的机关枪，并且早在公元前 3 世纪晚期，菲隆[①]的炮兵手册里就有了关于它的技术规范。在罗兹的军工厂里，亚历山大港的狄俄尼修斯发明了这种可以连续开火的弹夹装填式弩枪。它是由在旋转链轮上运行的链条驱动装置控制的。链条将旋转补弹器驱动的弓弦向后拉扯，在合适的时机扣下扳机，便可以将装载的弩箭高速射出。

我们非常清楚这种多弹枪是多么有效。在 19 世纪晚期，一位名叫施拉姆的德国军事工程师为威廉皇帝制作了一把可以使用的多弹枪。他使用自行车链条复制了原本的装置。奇怪的是，在那时多弹枪因为它的高精准度而备受批评——当时的一位作家评论道，它射出的弩箭落点缺少变化，将过多的火力集中在了一个靶子上。施拉姆的多

约公元 3 世纪的军用炮兵武器和各种样式的弩炮

弹枪极度精准，以至于射出的第二支弩箭将靶子上的第一支箭一分为二，让他看上去就像日耳曼的罗宾汉②。

注释

① 菲隆，古希腊工程师和物理学家，约生于公元前300年，卒年不详。

② 罗宾汉，英国民间传说中的英雄人物，他武艺出众、机智勇敢，尤其善用弓箭，是一位劫富济贫、行侠仗义的绿林英雄。

极简早期武器史

从史前时期开始，人类就在制作武器。在 10 万至 50 万年前之间，人类使用的棍棒、石斧和矛是最早的武器。

☆ 已经发现的最古老的矛是克拉克顿矛——它是一个木制武器的尖头，由云杉木制成，于 1911 年出土于英格兰的滨海克拉克顿。

☆ 目前，有理论认为矛使用的时期是人类历史上相对和平的阶段，因为即使是单人持矛，也会对潜在的敌人造成巨大的威胁。

☆ 原始弹弓可能在旧石器时代被当作一种抛石狩猎的工具。

☆ 投掷长矛是武器史上的一大进步，因为这让人类可以从远距离击杀目标。已知最古老的投掷长矛是舒宁根矛，出土于德国的古代矿井，距今已有 35 万至 40 万年历史。也有专家认为，它们可能是刺矛。

☆ 早期土著居民的装备有矛、战斗回旋镖（设计的初衷是击伤目标而不是飞回来），以及用来阻挡敌人的曲棍。

☆ 弓和箭可能最早出现于 5 万至 6.5 万年前的非洲。最古老的完整的弓大约来自 1 万年前的丹麦，但我们在更早的文化里发现过箭头和箭镞。

☆ 弓箭是攻击者可以反复利用的武器，并催生了最早的有组织战争。有关大规模战争的最古老证据来自 117 号墓地—— 这是位于苏丹的一处考古遗址，这里至少埋葬了 1.4 万年前的 59 具尸体。

☆ 生物战始于公元前 1700 年，苏美尔人使用一系列方法散播瘟疫。

☆ 荷马在《伊利亚特》中提到了有毒的武器，这说明毒箭很可能在公元前 1200 年的特洛伊战争中就已经出现。到了公元前 6 世纪，斯基泰人（来自现在的伊朗）曾因他们的致命毒箭而臭名昭著。

十字弓

发明地：中国

时间：约公元前 6 世纪

十字弓的构造本身，是将弓箭的原理应用到了机械中。通常，在十字弓的弩架上装有一张水平的弓（称为“弩弓”）。从十字弓中射出的箭被称为“弩箭”。十字弓的出现意味着人类发动战争的能力又迈上了新的台阶。箭术是一种高难度的技术，需要跟随专业的弓箭手从儿时学起，而要让士兵甚至是新兵学会使用十字弓，仅需要几周的训练。这可以让更多人在短时间内具备作战能力。

十字弓存在的确切证据最早出自公元前 6 世纪的中国和其周边地区。公元前 4 世纪的文献中提到，古人曾在公元前 6 世纪或公元前 5 世纪的战争中使用过一种巨大的十字弓。孙子的战略经典《孙子兵法》（创作于公元前 500 年至公元前 300 年）中也多次提到了十字弓。

至于文物，在中国各地的墓葬中都曾出土过公元前 5 世纪中叶的铜制十字弓的弩箭，而在山东曲阜则出土了公元前 6 世纪的尺寸小到

罗马弩车

可以手持的弩架。更有争议的问题是人们何时开始使用连弩。在过去曾出现过能迅速射出多支弩箭的十字弓。通常，人们认为连弩是著名的军事家诸葛亮（181—234）发明的，但也有人认为连弩的出现要更早。诸葛连弩可以一次射出 2 至 3 根弩箭，因此，配有连弩的军队杀伤力极强。连弩上有一个弹匣，里面装满了弩箭，可以通过杠杆驱动的机械结构填充弹药。那时的武器大约有 100 米的射程。在中世纪时期，中国人发明了一种可以装载 12 支箭的连弩，并一直沿用到 19 世纪，其破坏力可以和机关枪一较高下。

弩炮

发明地：希腊

时间：公元前 4 世纪

见识了十字弓的威力之后，人们自然会想方设法将同样的原理应用在更大型的武器上。随着十字弓的尺寸不断增大，手持就显得笨拙，因此弩炮——最早的炮兵武器——就这样出现了。在十字弓出现于中国的同一时期，希腊人也在使用十字弓。在公元前 399 年，希腊史学家狄奥多罗斯·西库路斯最早记载了可以射箭的大型机械投石机（被称为弹力抛石机）。（《圣经》中曾提到过一种可能是早期弩炮的武器，可追溯到公元前 8 世纪，远早于西库路斯的记载，但是尚有争议。在《编年记下》中的第 26 章第 15 节里提到，乌西雅王“在耶路撒冷制造了由奸诈之人设计的机关，安放在高塔和堡垒上，用来发射箭矢和石弹”。）

弹力抛石机其实就是一个可以独自站立的巨型十字弓。为了给更加结实的弓弦施加额外的力量，需要用绞盘将弓弦向后拉回到射击位

重力抛石机

置。它可以从中心梁的凹槽中射出大型弓箭、削尖的木棍或钝木。

同样在4世纪，古罗马人发明了第一种外形更符合现代人想象的抛石机——扭力抛石机。在扭力抛石机的设计中，投射物不是由弓弦直接推动的，而是用一根弦将竖直的铰链梁拉向水平位置，随后立刻用强有力的锁扣将其固定。在铰链梁的末端挂着一个大筐，里面装满了投掷物。当锁扣松开时，铰链梁摆动回垂直位置并与中间的横梁相撞，停止运动。在惯性的作用下，投掷物被沿着水平轨道高速射出。扭力抛石机可以被用来攻击堡垒的外墙，或向敌对阵线投掷弹药。

大型弩炮发展史中的最后一步，是将弩炮和另一种古代武器投石器相结合，来制作重力抛石机。一根超过15米长的木梁被固定在一个支点上。支点将木梁分为两段，短的一端起初被重物压在地上。通过人力或绞车将长端拉向地面，并在长端末尾的投石器里装满投射物。随后释放木梁，重物坠向地面，投石器便将投掷物抛出。重力抛石机主要被当作攻城武器，因为它可以将极重的弹药射向高空，越过堡垒或城堡的高墙。

相比于弹力抛石机，重力抛石机和扭力抛石机的射程要远得多。在数百年间，它们被用来投掷生石灰、燃烧的焦油、沙子、动物粪便、动物尸体，甚至是人（或者残肢）和病死的尸体（比如瘟疫中的遇难者），以在敌方阵中散播恐惧和混乱，摧毁目标。尤其是重力抛石机，在没有火药的年代，它是最令人生畏的武器之一，在欧洲被一直沿用至中世纪。

战舰

发明地：地中海地区

时间：公元前第二纪

可能早在史前时期，船和小艇就被用来运输士兵，或者在近战中发挥用途。但是，要说起最早的战舰，我们则需要将目光转向地中海和中东地区的海洋文化。地中海东部和南部沿岸地区的腓尼基文化尤其因航海技术和造船技术出名，有时也被认为是战舰的发明者。然而，真相可能没这么简单。随着船只变得越来越大，它们更加频繁地出现在战争中，但同时它们也成了更有价值的攻击目标。在公元前第二纪，大型舰船通常被用于对沿岸地区进行暴力劫掠（后来的希腊史学家修昔底德将其描述为在古代广泛出现的不知廉耻的海盗行为）。因此，在海上打造坚固的防御和犀利的进攻变得至关重要。

最常在战争中出现的船只是由桨手驱动的桨帆船。大多军事战略依靠的是比对手技高一筹，因此船的速度至关重要。桨帆船的学术名词取决于桨的数量（或是有几层桨手）。例如，配有一层桨手的桨帆船被称为单层桨帆船，两层的称为双层桨帆船，三层的称为三层桨帆船，而单层30支桨的早期希腊桨帆船被称为triaconters（三十桨帆船）。要想让战舰的威力更大，必须得有多层桨手，因为如果在每一侧都装下超过 30 名桨手，船只的体型会变得太大，难以灵活操控。

在最早的战争中，经常需要登上敌方战船，在近战中取胜。然而，在公元前 1 世纪早期，随着重锤的出现，海战变得更加复杂。重锤是安装在船头底部的一根突出的柱子，末端包裹着金属，可以在敌方船只上凿出一个大洞。早在公元前 750 年，腓尼基人就已经开始使用这种战船了。

自公元前 4 世纪起，随着弩炮等炮兵武器的发展，战舰的性质再一次被改变。与其正面冲撞敌方的战舰，不如通过远程火力进行攻击。因此，装备有更多种武器的船只就可以占据关键的优势。

在公元前 3 世纪，不断壮大的罗马帝国和迦太基（一个发源于腓尼基殖民地、以城市为基础的帝国）之间爆发了第一次布匿战争。在初期的海上交锋中，迦太基占据了上风。随后，罗马人依照俘获的迦太基五列桨战船，打造了一支新舰队。他们主要改进了登陆平台——一块带有钉刺的踏板，可以被放到临近的敌船上，让士兵迅速登上敌舰。这使得在接下来的战役中，罗马人可以在海战中使用与陆地战术相似的战术，这是他们最终获胜的原因之一。从那时起，罗马人便成为地中海及更远地区的海上霸主。但值得注意的是，他们的造船技巧大多是从被他们所取代的其他早期文明那里学来的。

希腊火

发明地：拜占庭帝国

时间：公元 7 世纪

希腊火是名副其实的古代秘密之一。它是一种神秘的拜占庭化学武器，甚至可以在水里燃烧。它的制作方法至今都没有被破解。

最早的燃烧武器是中国和亚述帝国（以及其他国家）在公元前第一纪使用的简易火炬和燃烧箭；也有传闻说在公元前第一纪上半叶，燃烧的液体（可能和油有关）就已经被使用。但希腊火之所以出名，是因为它的出现导致了燃烧战的急剧升级。最有名的例子出现在 678 年，猖狂的撒拉逊舰队企图征服拜占庭的都城君士坦丁堡，但折戟而归。（君士坦丁堡现在被叫作伊斯坦布尔。在那时，它是东罗马帝国的主要城市。撒拉逊人是来自乌玛亚哈里发的伊斯兰阿拉伯人。）

那时，撒拉逊人的军事行动十分成功，他们自信能够在接下来的海战中取得胜利，这可以让他们获得君士坦丁堡周围海域的控制权，而向着敌方前进的拜占庭海军则在数量上占据劣势。不过，他们有一种神秘武器，藏在从船头伸出的铜管里。当他们逼近敌船时，这些管子突然射出液体，一点着就化为熊熊燃烧的烈焰。这种后来被称为希腊火的液体会附着在它经过的任何表面上，但凡是碰到它的东西都会被点燃，甚至在水中都可以燃烧。那些在冲突刚爆发时被点着的可怜的水手，即使是跳入水中也没法扑灭身上的火焰。撒拉逊舰队被部分摧毁，残余部队则在恐惧中仓皇而逃，希腊火的故事从他们口中传遍了地中海和更远的地区。

在那次事件之后，使用希腊火的机会越来越少，因为单单是关于它恐怖威力的传说就足以吓退绝大多数妄图攻击拜占庭舰队的敌军。不过，它曾多次被用来保护君士坦丁堡的城墙，还曾被用来浸湿布料裹成的球，当作弩炮的弹药。希腊火也有缺陷。从船只上发射时，因为需要用管子将它从桶里抽出来，它的射程有限，也无法逆风使用；用弩炮发射时，又只能产生少量的火焰。尽管如此，它依旧是令人生畏的武器，对敌人有巨大的震慑作用。

希腊火里的关键物质是希腊建筑师卡里尼库斯在（公元前 7 世纪的）几十年前发明的。这一配方被严加保密，以至于只有他的家人和拜占庭皇帝知道。秘方在皇帝间代代相传，直到最终丢失。

现如今的一些专家推测，希腊火的主要成分可能是通过加热石灰、骨头和木炭制取的磷化钙。当磷化钙与水接触时，会释放出可自发燃烧的磷化氢。其他可能的成分包括树脂（可以解释为什么希腊火会具有黏性）、原油的衍生物（在制作凝固汽油时会产生这些物质）和生石灰。尽管围绕这些成分开展的实验已经快要复制出历史记载中的希腊火，但它的确切配方将永远是一个谜。

没能实现的创造

有时候，古代发明家的聪明才智超出了当时的技术水平，因此，他们的想法没能实现。亚历山大港的工程师克特西比乌斯对扭力弹簧(它的威力来自扭曲金属或其他物质) 进行了多次实验。他尤其想利用铜制压缩弹簧驱动的铰链式杠杆来制作一种弩炮。然而，克特西比乌斯手头的金属的弹性太差，不足以实现他的想法。直到 1400 年，意大利铁匠才发明出足够坚韧的满足要求的锻钢。与之类似，当时的一种气动弩炮设计也从没有被造出来。它利用的是圆柱体里的压缩空气。直到工业时代，随着精密仪表和机床的出现，这一设计所需要的耐压性和精密的机械装置才得以实现。

毒气

发明地：中国

时间：公元前 4 世纪

最早使用毒气的可能是古埃及人，他们使用毒气来消灭跳蚤。然而，最早在战争中使用毒气的记载出自公元前 4 世纪的中国。当进攻方将城市包围以后，他们可以在城市的围墙下挖隧道，这样既可以破坏建筑结构，也可以用于入侵。而守城者则会侵入隧道，用风箱向里面灌毒气。用到的物质包括燃烧的芥末球和蒿属植物，二者在燃烧时都会释放有毒气体。到了罗马帝国时期，毒气的种类更加繁多。一种典型的罗马战术便是向被包围的城市的水井里投毒。

毒气使用的物理证据最早出现在 256 年，位于废弃城市杜拉·欧罗珀斯（位于现在的叙利亚）的一座罗马时期堡垒。考古人员在城墙下发现了 20 具罗马士兵的尸体。事情的起因是这样的：波斯侵略者试图在城墙下挖洞，而作为反制手段，罗马人自己也挖了用来防御或逃脱的隧道。怎料，波斯人凿了通向罗马隧道的洞，并向隧道里灌入硫黄晶体和沥青混合物燃烧产生的烟雾。“直到隧道里的尖叫声消失了”，他们才停手。在这座城市沦陷后，波斯人将尸体搬出隧道，藏在了城墙下。

另一个精彩的历史故事发生在迪米斯卡亚——遭到罗马人围攻的希腊前哨战。当时，希腊人并没有毒药，但他们有蜂巢。他们成功地将蜂巢放进了罗马人挖的隧道里，愤怒的蜂群将正在挖掘隧道的罗马人赶了回去。

盔甲和坦克

发明地：苏美尔文明

时间：公元前第三纪

我们所掌握的关于盔甲的证据最早出自公元前第三纪上半叶的苏美尔城市乌尔。一个被称为“乌尔军旗”的装饰盒上雕刻着穿着头盔、短袍和厚斗篷的军队。在这一历史时期，盔甲通常由皮革制成，尽管可以提供一定保护，但会被箭和长矛刺穿。中国人在一定程度上解决了这个问题，他们在皮革护甲上涂上漆，让表面变得更硬。在曾侯乙[①]的墓葬中出土了12件精美的公元前433年的漆面盔甲。

最早的金属盔甲是头盔。例如，人们在出土了乌尔军旗的考古现场还发现了由打制的金银制成的金属头盔（意味着这个头盔是仪式性的，而不是实战性的）。到了公元前15世纪，金属盔甲出现了——在希腊南部城市登德拉的一处墓葬中，静静地躺着一位身穿全套金属盔甲的贵族。在同一时期，中国人为了解决纯金属盔甲的重量问题，制作了一种金属和皮革的混搭版本。他们把青铜板嵌在皮革上，让盔甲变得相对灵活。

在古时候，马甚至大象也身着盔甲参战。例如，亚历山大大帝出征印度时，在杰勒姆河附近地区（位于现在巴基斯坦的旁遮普省）遭遇了帕拉瓦王国[②]的波卢斯国王，这场战役在亚历山大东征的过程中起了决定性作用。亚历山大的军队被敌人的残暴吓了一跳，尤其在身着皮甲的战象身上吃了不少苦。尽管他们赢了这场战役，却付出了沉重的代价。还有传闻说，更远的东方王国还有规模更大的战象部队，这让亚历山大不敢继续向次大陆更深处前进。

到了公元前第一纪的亚述帝国，装甲战车的概念成了现实——“攻城车”可以为攻击城门的攻城锤提供掩护。由厚实的柳条编成的车有四到六个轮子，上面载着攻城锤和操作锤子的士兵，而弓箭手则站在车的塔顶上攻击城墙上的守卫。某些样式的攻城车还配备有水塔，可以用来浇灭对攻城车造成巨大威胁的燃烧弹。

中国迈出了向现代坦克过渡的最大一步。在12世纪对抗鞑靼人的战争中，铁皮装甲车是关键武器，因为鞑靼人的战术极度依赖骑兵的冲击。早期的坦克十分笨拙，但能带来巨大优势。在15世纪的宗教冲突中，约翰·杰士卡[③]在波希米亚掀起了农民起义，反抗强大的德国帝国军队。面对有限的资源和数不清的困难，杰士卡必须有创造力。他用足够轻的铁皮覆盖马车的车身，仅需要一组马就可以拉得动。在马车里，农民士兵手持钉铁条、斧子、十字弓和简易手枪作战。尽管反抗军只有2.5万人，而帝国部队有20万人，他们照样取得了几场值得一提的胜利，直到最终因筋疲力尽而不敌。

注释

① 曾侯乙（约前475—前433），姬姓，氏曾名乙，是中国战国时期南方姬姓曾国（即姬姓随国）的国君。

② 帕瓦拉王国，南印度古王朝，始于公元3世纪，灭于公元893年。

③ 约翰·杰士卡（约1376—1424），捷克的民族英雄，胡斯战争时期杰出的军事统帅。

降落伞

在大约 1485 年，达・芬奇设计了最早的现代降落伞。然而，古代的中国人最先学会了利用空气阻力减慢人下坠的速度。在公元前 2 世纪的历史学家司马迁所著的《史记》中，有一段关于舜帝（据传他生活在公元前 23 世纪）的故事。舜帝被敌人逼到了屋顶上，却利用手里的两个大竹帽安全地降落到了地上，成功逃脱。尽管这个故事可能太过神话，但我们的确知道，自公元前 200 年起，中国的马戏团演员就利用类似的手法从相当高的地方优雅降落。

第五章

医疗发明

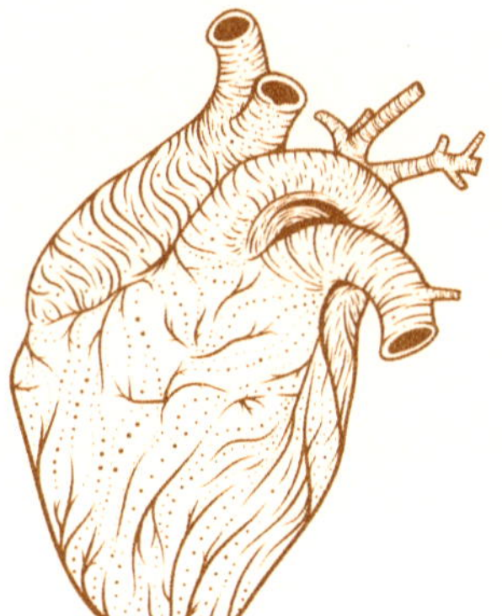

外科手术

发明地：伊拉克

时间：公元前 6 万年至公元前 3 万年

古代文明时期的外科手术种类繁多，包括缝合、烧灼伤口和截肢。有广泛的证据可以证明外科手术大约 5 000 年前就已经存在，例如在非洲发现的大概是用于缝合伤口的石器时代针头。（为了缝合轻微的伤口，印度和南美洲的一些部落会将白蚁或金龟子放在伤口边缘，趁它们咬人的时候，揪下它们的脑袋，用它们闭合的钳口封住伤口。）

开颅术（在头骨上钻洞）是人类最早进行的外科手术之一。在公元前 6500 年修建的一处墓地中，出土了 120 个头骨，其中的 40 个留有钻孔的痕迹。在某些古代社会中，人们相信这种手术可以释放魔鬼或恶灵。然而，进行开颅也有更加合理的目的，那就是在遭受颅骨损伤后进行脑部放血，这让开颅术成为最早的脑外科手术之一。

截肢也是一种古老的手术。在巴黎南部的布蒂耶尔·布朗库尔的一处坟墓里，出土了一具大约 7000 年前的人体骨骼。骨骼的左前臂被刻意截掉，实施手术的工具可能是燧石刀。检查和测试过这具遗体的科学家推测，病人可能被具有止疼效果的植物麻醉了。例如，曼陀罗是一种在傍晚绽放的毒花，具有致幻效果；而鼠尾草之类的草药则可被用来清理伤口（遗体的残肢上竟没有出现任何感染的迹象）。

然而，在伊拉克的山尼达洞穴出土的骨头告诉我们，可能在更早期，我们的尼安德特祖先就已经开始进行外科手术了。被称为山尼达1号的人体骨骼（发现他的考古学家给他起了个名字——“南迪”）上有大量的伤痕，包括能造成部分失明的脸部重击和能导致一定程度失聪的耳道阻塞。他的右臂也残废了，留有数次骨折痊愈的痕迹，而且下臂和手也都不见了。这一发现已经改变了我们对尼安德特文化的认识，因为这些损伤都发生在“南迪”去世前很久，这意味着有人负责照顾生病或老去的部落成员。除此之外，根据左臂恢复后的样子，有人推测他的下臂和手是被刻意截去的。这具骨骼的年代在公元前6万年至公元前3万年间，如果他身上的痕迹的确是外科手术造成的，那么，这便是我们所掌握的最早的人类或类人物种实施手术的案例。

整形手术

发明地：印度

时间：公元前 6 世纪

你也许会认为，整形手术是最近才出现的医学进步。然而有证据显示，整形手术至少在 2 600 年前就已经出现。有一份埃及手稿，它的内容摘自约公元前 2500 年至公元前 3000 年的典籍，里面提到了被认为是重建断鼻的手术方法。

后来在印度发现的证据则更加清晰。大约 3 000 年前，在印度当地有一种拉伸耳垂的风俗——刺破小孩的耳垂，然后渐渐拉扯让耳洞扩大。也许正是这种传统让人们意识到皮肉可以被改造。不管怎样，《妙闻本集》[①]中有关于鼻部重建（或者叫“隆鼻术”）等外科手术的详细记载：

> 先用叶子测量鼻子上需要进行手术的部位的大小。然后从面颊上割下所需大小的皮肤，翻转过来盖在鼻子上，保持

割下的皮肤和面颊相连。再用刀切开鼻子上需要连接新皮的部位，露出肉。随后，将割下的新皮放置在鼻子上，迅速将二者缝在一起，通过在鼻孔部位填充蓖麻种子（生产蓖麻油的植物）来使皮肤适度隆起，让鼻子变成想要的形状。

最后，作者建议先使用甘草、紫檀和小茴香处理伤口，再用棉花蘸上干净的芝麻油覆盖伤口。《妙闻本集》中还提到使用从面颊上取下的肉瓣重建耳垂、用酒做麻醉药，以及用蚂蟥去除伤口的血块。《妙闻本集》成了阿育吠陀的奠基作品之一——阿育吠陀是印度的传统医疗体系，包含超过 300 种外科手术。这些知识通过阿拉伯译本保留了下来，最终在文艺复兴时期传到了西方。

在西方，印度医学对整形手术的影响远不止于此。在 1794 年，伦敦《绅士杂志》中的一篇文章讲述了英国士兵见到的一种整形手术，可以修复马车司机在战役中受伤的鼻子。这个故事激励了像约瑟夫·康斯坦丁·卡普这样的医生去印度学习更多有关整形手术的了不起的技术。

注释

①《妙闻本集》，印度古代外科著作，著于公元前 6 世纪，主要阐述外科治疗，述及疝气手术及多种基本外科手术、皮肤移植术、内障切除术、鼻子整形术等。

极简解剖学史

古时，人们会检查被献祭或处死的人的尸体，对人类身体结构的探索便由此开始。

☆ 根据一张在公元前 1600 年发现的莎草纸，古埃及人早已学会辨识心脏、脾脏、肾脏、子宫和膀胱，并且知道血管连接着心脏。

☆ 早期希腊科学家阿尔克米翁（生活在公元前 6 世纪）是第一个通过解剖动物实践解剖学的人。他还发现了视神经。

☆ 在公元前 5 世纪，恩培多克勒①认为心脏是控制血液循环、“气息”及“灵魂”的主要器官。

☆ 到了希波克拉底②（前 460—前 370）的年代，人们对肾脏的功能及心脏的工作原理有了更深层次的认识。

☆ 在公元前 4 世纪，普拉克萨戈拉斯分辨出了动脉和静脉的不同。

☆ 在公元前 3 世纪，埃及的统治者托勒密一世批准在亚历山大港建立解剖学院，并在那里解剖尸体。（在此之前，解剖尸体在大多数文化中都是禁忌。）

☆ 亚历山大港的解剖学家希罗菲卢斯反对亚里士多德的理论，认为意识实际上存在于大脑之中，而不是心脏。

☆ 绝大多数的中世纪解剖学知识来自伽林的研究。他是生活在 2 世纪的科学家，研究过动物和受重伤的角斗士。他写了 22 卷书，详细阐述了解剖学知识。

☆ 伽林正确地得出了血液是通过动脉（而不是人们普遍认为的空气）运输的结论，但是错误地认为血液是从心脏流入流出，而不是在体内循环。

☆ 腓特烈二世皇帝（1194—1250）要求在新建的意大利大学里学习的医学生都必修解剖学和外科手术。据传，蒙迪诺·德·鲁兹是第一个在大学课堂上解剖人类尸体用作教学展示的解剖学家。

注释

① 恩培多克勒（约前 495—约前 435），古希腊哲学家。

② 希波克拉底，古希腊伯里克利时代的医师，被西方尊为“医学之父”，西方医学奠基人。

公费医疗制度

发明地：希腊

时间：公元前 5 世纪

现在，对医生和医院进行赞助在很多国家都是一个争议不断的政治问题。我们通常认为社会民主和由国家提供医疗保健是相对较新的概念，然而这个想法在现代医学起源的时候就已经存在了。在公元前4世纪，希波克拉底戒律阐述了希波克拉底所推崇的医生的行为准则，认为："有时要无偿提供服务，并呼吁大家牢记现在的满足感来自之前所做的善行。如果有机会服务受困于金融危机的陌生人，便要全力帮助他们。"

到了罗马帝国时期，富人会花钱请医生，而当地议会也会给普通公民提供公共医生，但并不总是最高规格的医疗服务。在公元前220年，希腊医生阿卡加索是罗马的第一个公共医生。他偏爱在治疗时使用灼烧伤口的烙铁和手术刀。他的外号是"屠夫"，政治家老加图确信他是希腊人企图谋杀罗马人的阴谋的一部分。

在中国，中央政府出资建立了公聘医生系统，进一步践行了社会医疗的概念。这一系统最初在公元前 2 世纪在大城市建立，随后在 1 世纪被推广到整个国家。它还给医生提供完善的培训。到了 5 世纪，绝大多数大城市都有可以授予医学学位的医学专科学校。

假牙

发明地：伊特鲁里亚

时间：公元前 750 年

伊特鲁里亚人是罗马人的祖先，他们占据了古代意大利的中部东区，十分富裕。尽管牙科技术几乎和人类一样古老（详情见下文），但像古埃及之类的很多早期文明都有更换身体部位的禁忌，所以并没有研究出制作假牙的工艺。假牙存在的确切证据最早来自公元前 750 年左右的伊特鲁里亚文明时期。他们将人类牙齿或雕刻过的牛牙焊接到金条做成的齿桥上。尽管有些文明以假牙为耻，但伊特鲁里亚人似乎把它当作地位的象征——金条被设计成了完全可见的样子，假牙则是通过穿过金条的销来固定的。

在600年左右，中美洲的玛雅文明时期人们发明了假牙——他们可以说得上是最早开展美容牙科的文明。他们定期装饰牙齿，在牙齿上钻小洞（使用绳钻和水里的石英粉作为磨料），然后用天然的树脂胶水在洞里镶上小型珠宝。现代博物馆里保存着一些带有这种精美装饰的头骨。他们还用尖头工具在牙齿上雕刻出缺口和凹槽。除此之外，来自同一时期的一块下颌骨上有三颗牙齿都被装饰性的贝壳片替换了。这到底是为了起到威慑作用、彰显地位还是仅仅作为装饰，我们不得而知，但是这种牙齿改造的效果还是很引人注目的。

完整的假牙在16世纪才在日本出现。日本人先用蜂蜡铸模，再由工匠根据模具细致地打磨假牙。最开始假牙是用木头制成的，但随着时间的推移，他们也使用人类牙齿、象牙或尖晶石，并使用先进的黏合方法将整个假牙固定在嘴里。

麻醉药

发明地：苏美尔

时间：公元前 4 世纪

外科手术的历史证据指出，早在数万年之前，某种草药麻醉剂可能已经在世界各地被广泛使用。自从有历史记录开始，就有多种物质被当作麻醉剂使用的文字记录。例如，古美索不达米亚人用酒精来钝化痛感，而苏美尔人早在公元前第四纪起就开始种植罂粟。苏美尔文化中的尼达巴女神常被刻画成从肩膀里长出罂粟的形象，而世界上最早的药典（可以被用来鉴别药物的典籍）则是一块公元前第三纪的苏美尔石板。石板上提到了罂粟，还将其称为给人带来快乐的植物。

到了古埃及时代，曼德拉根的提取物被普遍用作手术时的麻醉剂，他们也可能使用了罂粟。随着时间推移，中国人和印度人也学会将罂粟用作麻醉剂。除此之外，大麻制成的香薰和乌头（通常被称为川乌或狼毒草）也有麻醉效果。

极简牙科史

☆ 最早（尚有争议）使用工具进行牙科手术的证据出自尼安德特文化。

☆ 已被证实的最早的物证是一颗在意大利发现的公元前 1.4 万年的发炎的牙齿，它被燧石制成的工具清理过。

☆ 使用手持钻头来去除或抽取感染物的方法最早出现于公元前 7000 年的印度河流域。

☆ 在斯洛文尼亚发现的一块公元前 4500 年左右的下颌骨上，发现了用蜂蜡制成的最早的牙齿填充物。

☆ 从上述时期起到中世纪，人们普遍认为牙疼是由牙虫造成的，去除或杀死牙虫就可以缓解疼痛。

☆ 至少从公元前 3000 年起人们就开始使用牙签了（曾在苏美尔文

化遗址里出土过牙签）。

☆ 在公元前2650年左右的古埃及，荷西·雷——“最伟大的医生和牙医”——所掌握的技术中就包括用金线固定松动的牙齿。

☆《汉谟拉比法典》（公元前1800年）提到了将拔牙作为一种惩罚方式（“以眼还眼，以牙还牙”最早就出自这本法典）。

☆ 老普林尼（23—79）记录了和牙齿有关的迷信观念，包括在下巴上拴上青蛙，或使用由煮过蚯蚓的橄榄油制成的耳药水。

☆ 大约2 000年前，罗马人把小木棍当作牙刷。不幸的是，他们使用的牙膏里含有像金刚砂之类的摩擦剂，导致牙齿被磨损到了根部。

☆ 到了中世纪，中国的牙医发明了用水银、银和锡制成的牙齿填充物（而西方牙医使用的填充物很恶心，比如有蜡烛的蜡和铅，甚至还有“渡鸦的粪便”）。

☆ 中国人在1000年左右发明了带有刷毛的牙刷，配合着皂角制成的牙粉一起使用。

假肢

发明地：希腊

时间：公元前 479 年

在公元前第一纪，包括印度和埃及在内的不同文化各自独立发明了假肢，用来替换在事故或战争中失去的肢体。有记载的最早案例出自希罗多德的著作《历史》。他讲述了希腊先知海该西斯特拉托斯的例子。海该西斯特拉托斯为试图侵略希腊的波斯军队工作，在被斯巴达人俘获后，他的一只脚被锁上了枷锁，还被警告将受到折磨。于是，他想办法割掉了自己的脚的一部分，忍着剧痛逃脱。为此他恨极了斯巴达人，特意让人制作了一个木制的假肢，仅仅是为了参加即将到来的普拉提亚战役（公元前 479 年）。不幸的是，他的决心和仇恨不足以救他的命。他再次被斯巴达人俘获，然后被处死。

在意大利卡普亚的一处公元前 300 年左右的墓葬中，出土了一个保存得异常完好的假肢。那是一个用薄铜板和铁钉加固的木制小腿，它顶端的凹面经过了精心雕琢，用来连接大腿残肢。同样还是在罗马时代，普林尼曾记载了塞吉乌斯·西鲁斯的故事。他是一名参加过布匿战争的老兵，曾在战争中23次受伤，并让人制作了一只铁手来替代他在战斗时失去的手。

早期文身

人体改造的艺术具有悠久的历史，尤其是文身。从保存下来的皮肤、古代艺术品和出土的古代文身工具中，我们得知早在旧石器时代晚期（1万～5万年前）文身就已经出现。第一个可以证明文身存在的直接证据是冰人奥兹的干瘪的皮肤，他生活在公元前3200年左右。在世界各地还发现了其他带有文身的木乃伊，例如格陵兰、蒙古、菲律宾和安第斯山脉。一个著名的例子是来自古埃及（约前2134—前1991）的阿蒙内特——女神哈托尔的女祭司——的文身木乃伊。

第六章

推动科技进步的发明

磁性

发明地：古希腊

时间：公元前 600 年

相传，一名生活在马格尼西亚（现如今的土耳其爱琴海岸）名叫马格尼斯的希腊牧羊人最先发现了磁性。他发现自己的凉鞋扣会被一块特殊的石头所吸引。经过实验，他意识到这一现象也适用于其他金属物体。在挖开了周围的土地之后，他发现是含有磁铁矿（天然磁性物质）的磁石导致了这一现象。

于是，磁铁就被叫作 magnetis lithos，意为马格尼西亚的石头。渐渐地，世界各地的人们开始使用磁铁，将它用于魔术表演、娱乐及实际生活需要。老普林尼（23—79）曾写道，在一座靠近印度河的山丘上有一块可以吸铁的神奇的石头。水手们普遍有这样一种迷信，那就是世界上可能存在完全由磁石构成的小岛，而过往船只上的铁钉会受到磁力的影响，导致沉船。磁石甚至还被认为具有治疗疾病和驱逐恶灵的功能。

几个世纪之后，磁铁的导航功能才被发现。到了 11 世纪，中国人已经开始用磁铁制作湿罗盘（详情见第 92 页）。在 1405 年至 1433 年间，著名的将军郑和在下西洋时使用了磁针罗盘。在 12 世纪，在欧洲出现了将磁铁作为导航工具的记载。在欧洲，人们把磁石称为 lodestone（在盎格鲁·撒克逊语里是 leading stone，在冰岛语里则是 leider-stein）。

今天，我们知道地球自身就是一个巨型的磁体，有两个磁极。这一理论最早由英国科学家威廉·吉尔伯特在 1600 年证明，而电和磁的关系最早是由荷兰科学家汉斯·克里斯蒂安·奥斯特在 1820 年证明的。

颜料

发明地：赞比亚

时间：35 万年之前

在数千年的历史长河里，人类渐渐发现了不同的颜料，并将其作为画作的传统基础成分。直到 15 世纪，要想找到青金石（蓝色的矿物质，群青颜料的主要成分）依旧很难。以至于只有客人额外加钱，伟大的画家扬·凡·艾克[①]才会在肖像画里加入蓝色。他仅会使用很少量的、不掺杂其他颜色的蓝色，以突出蓝色的使用。在传统画像中，耶稣的母亲玛利亚之所以被蓝色所包围，也是为了强调她的崇高地位。

至少在 6 500 年前，青金石就已经被用在颜料中。在美索不达米亚、埃及和中国的早期社会里，它有着极高的价值。在偏远而多山的阿富汗的巴达赫尚省，现在还有青金石矿。至少从公元前 700 年起，这些矿井就已经存在，那时它们还属于被称为巴克特利亚的古国。

紫色历来便是昂贵的颜色。泰尔紫是用骨螺的黏液制成的颜料。大约在公元前 1200 年，它被用作织物染料。在史前就已被使用的绿色颜料，最初源自绿鳞石和海绿石的黏土矿物。

然而，有一些颜料自从人类历史初期就供应充足。碳黑可以用烧焦的骨头或木头来制作；黄色和红色可以用铁的氧化物来制作；各种色调的棕色可以用铁和锰的氧化物来制作；而白色可以用白垩或动物骨头来制作。所有这些颜料都可以被用来给人类皮肤和洞穴的墙壁染色——既可以直接使用它们染色，也可以把它们和动物脂肪混合，制成原始的混合涂料。涂料存在的最早证据来自35万年前——在靠近赞比亚卢萨卡的双子河流域的洞穴里，出土了研磨涂料和颜料的工具。

注释

① 扬·凡·艾克（1385—1441），尼德兰画家，是早期尼德兰画派最伟大的画家之一，被誉为“油画之父”，代表作有《根特祭坛画》《阿尔诺芬尼夫妇像》。

代数

发明地：波斯

时间：830 年

鉴于古希腊和印度的数学家可以计算复杂的问题，比如以很高的精确度计算 π 的值和 2 的平方根，因此很难相信他们没有使用代数。代数是一种解决数学问题的方法，现在的我们对它习以为常。然而，古希腊和印度的数学家使用的方法要麻烦得多。直到 9 世纪，波斯数学家穆罕默德·本·穆萨·阿尔-花剌子密才发明了现代人所熟知的代数。将他的著作 Kitāb al-muẖtaṣar fī ḥisāb al-ğabr wa-l-muqābala 翻译为中文就是《移项和集项的科学》。其中，“移项”是指将项从等式的一边移到另一边；“集项”指的是通过将等式两边除以相同的值来简化等式。他的思想传遍了近东地区、中国和欧洲，渐渐在人们对数学的理解和应用上引发了革命性的改变。

原子

发明地：古希腊

时间：公元前 5 世纪

19 世纪早期的英国科学家约翰·道尔顿提出原子是构成宇宙万物的最基本的不可分割元素，这启发了现代人对原子的理解。他的结论在本质上是准确的，但是后来我们发现，原子还可以被分割成更小的亚原子粒子，如质子、中子和夸克。

然而，道尔顿的理论只不过是古代哲学的最新诠释。2000 多年前的印度和希腊的思想家都曾提出，现实中的一切物体都是由不可分割的粒子组成的。在古希腊，前苏格拉底时期的哲学家（出现在苏格拉底之前的哲学家）为现实的本质而着迷。他们中最突出的有相信现实的一切都是变化的赫拉克利特，认为变化本身是一种幻觉的巴门尼德，还有跟随老师留基伯的步伐、试图中和这两种思想体系的德谟克里特斯。他提出，物质是由不可分割的微小粒子构成的，并将这种粒子称为“原子”。

与此同时，印度的耆那哲学将世界想象成由原子构成的样子，并且阐述了一个复杂的确定性理论，来解释这些原子是如何交互，从而形成组成宇宙的物质的。这些原子的古代版本都和现代理论有一些出入，但值得注意的是，尽管并不是其中的每一个细节都正确，德谟克里特斯和耆那哲学的基本概念是相当准确的。

计数

发明地：非洲

时间：4 万到 5 万年前

计数很有可能从数手指开始，最大可以数到 10。再加上代表着“很多”的张开手臂的姿势，这在绝大多数场合都够用了。最早的“计数标志”出现在至少 4 万年以前。在一块出土于非洲南部莱邦博山的狒狒腓骨上刻有 29 个缺口。对此，一种解释是它被用来记录月运周期。

不过这个理论看上去过于自信了，因为这块腓骨并不完整。我们还发现了许多其他的骨头和物件，可以追溯到这之后的 1 000 年。

世界上第一个书面计数系统出自前苏美尔时期的现伊朗地区。早期的标志物是由黏土制成的，上面带有表示 1 只绵羊、10 只绵羊、1 只山羊和 10 只山羊之类的记号。这些黏土标志物被串联在一起，用烤制的方法封进泥包里，并在外面做上标记以防被动手脚（然后被保存起来，在日后用来核实归还和交换的牲畜的数量）。

这是苏美尔文明的前身。苏美尔文明使用多种方式记录数字。负责每日记录粮食数量的抄写员为了更快地调整所记录下的数量，开始想办法练习、提高他们的计数技巧。因此，苏美尔文明应当是算术的发祥地。

张衡地动仪

发明地：中国

时间：2 世纪

地震仪是通过地面的细小震动来观测远处的地震和火山活动的装置。了不起的是，中国人在大约 2000 年前就发明了世界上第一台地震仪，它便是张衡的地动仪。

地动仪的发明家张衡（更多内容请见第 176 页）认为地震的主要原因是混乱的大气运动，他这样阐述自己的理论：

……只要空气不被扰乱，不在开阔地带流动，它就是无害的，不会威胁到周围的物体。一旦有外界因素将其扰动、压缩或赶进狭小的空间里……如果气流流出的通道被切断，那么“伴随着山体的低吼，它会从障碍物身旁呼啸而过”，在长时间的猛烈撞击之后，它会向高处移动。障碍物越多，气流也就越猛烈……

用来检测地震的张衡地动仪的现代仿品

张衡地动仪上有8根龙头形状的管子，每根管子上都放着一颗铜球。地震时，大地的震动将铜球从管子上震下，落入金属蟾蜍的嘴里，而蟾蜍所处的方位就指向地震波的来源。我们并没有完全掌握地动仪的工作原理，但是可以肯定的是，这8根可动臂是通过曲柄和杠杆的联动来抬起挡板，从而释放铜球。显然，这个装置里还有一根挂在横梁上的钟摆。这就意味着是惯性驱动着整个系统——钟摆的细微摆动触发了位移，位移被转化为轻微的力，传导到了相应的杠杆上。

然而，并没有清晰的历史记载或样品留存下来。因此，现代仿品在很大程度上是基于猜想和对同时期的文献中仅有的几处有关地动仪的记载的理解。尽管如此，张衡的地动仪似乎的确采用了和早期现代地震仪相似的原理。在张衡死后，直到1783年，意大利科学家斯基安塔雷利才研制出简单的地震仪，并用它观测到了卡拉布里亚的一次大地震。

张衡——中国的达·芬奇

张衡（78—139）的一生值得我们花些时间来赞颂。他的才华横跨各个领域，包括数学、科学、工程学、制图学、艺术和诗歌，他也因此被称为古代中国的达·芬奇。他最初只是个朝廷小官，但一路升到朝廷的首席天文学家和尚书。除了地动仪，他还发明了水力驱动的星盘（太阳系的三维模型），估算了 π 的值，并且记录了超过 2 500 颗星。他还对月球和其背面进行了复杂的描述，并且阐述了为何月食和日食可以证明月球是一个球体。这些成就对他来说还不够，他还是著名诗人。在他死后的许多年里，后人还在研习他的作品。

星图

发明地：欧洲

时间：3.25 万年前

除了试图弄清日月运转的规律（详见第 3 页），早期人类还对星空着迷，并常把它们当成神明。已知最早的星图是在德国发现的一根猛犸牙雕，上面的图案和猎户座极为相似（尚有争议）。在法国的拉斯科洞穴，距今 1 万至 3.3 万年的一幅壁画上清晰地展示了昴宿星团。在同一洞穴里，还绘有野牛、鸟头人及真实的鸟头的图案。有人认为这些也是天文画像，指代夏季大三角（由天空中最亮的三颗星组成的三角形，它们分别是天鹰座的牛郎星、天鹅座的天津四及天琴座的织女星）。从公元前第二纪，也就是巴比伦和古埃及时代开始，人们开始使用更详细的星表，它们很有可能反映了古人上千年的知识积累。

这幅史前岩画的轮廓构成了一幅星图：
野牛、鸟人和鸟分别代表了天鹰座的牛郎星、天鹅座的天津四及天琴座的织女星

制图学

就在人类开始描绘天空布局的同一时期，他们也开始记录四周的环境。一些岩画和石刻描绘了山、河之类的地貌特征。例如，公元前 2.5 万年的一幅图画展示了捷克巴甫洛夫附近的主要地貌特征；而在西班牙的那瓦尔，人们在一块距今 1.6 万年的砂岩块上发现了一幅原始地图。在乌克兰发现的一块猛犸象牙碎片则展示了河流平面图，在河边还有一排房子。

到了巴比伦文明时期，制图学进一步升级——先进的测量技术被用来制作准确的地图，地图上记录了很多东西，其中就有地块的所有权。世界上第一幅地图来自公元前 600 年的巴比伦。它将世界描绘为被水包围的巨型圆圈，反映了那一时期的巴比伦人所相信的宗教世界模型。

杀虫剂

大约 1 万年前，在农业诞生之初，如何控制危害庄稼的害虫就成了困扰人类的难题。根据记载，苏美尔人最早使用了杀虫剂——他们使用硫来应对虫灾。中国人使用水银和砷的化合物来驱赶体虱。越来越多的证据表明，早期的罗马人和希腊人使用多种方式防治害虫。其中有一些是神话故事或民间传说，但有一些是现在的我们可以辨认出来的。燃烧稻草和动物材料产生的烟可以被用来控制霉菌、枯萎病和昆虫。树胶之类的黏性物质可以被用来捕获爬在树茎和树干上的虫子。盐可以用来除杂草，而将除虫菊之类的植物材料磨成粉，可以用来保护粮仓。还有大量的记录显示，可以从原生土壤、植被和野生动物中提取化学物质和矿物质，并用它们制作种子的保护性涂层、除草剂和杀鼠剂。在古典时期来临前，其中的很多种方法已经被沿用了数百年。

火箭

发明地：中国

时间：1232 年

火箭可以把人类送上月球，甚至更遥远的地方。这一技术其实来源于古代，并且是火药发展的衍生物。有可能第一支火箭出现在 10 世纪。将火药装载在普通的箭上，便制成了燃烧箭。自 904 年起，绑着火药的燃烧箭就已经被使用，并逐渐演化成了早期的火箭。作家梁杰明[①]认为北宋将军岳义方和冯继升在 969 年发明了一种火箭，将火药管变成了推进剂。然而，更可靠的证据出现在几个世纪之后。根据记载，有一种“铁罐”的爆炸声可以传到 25 千米之外。此外，在 1245 年，宋朝军队在一次海军演习中也用到了火箭。自从火药出现之后，烟火便成了中国节日里的流行元素。宋理宗为了庆祝他的身为皇太后的母亲的生日，举办了一场宴会，在宴会上燃放了有历史记载的第一支由火箭助推的烟花——据传，烟花爆炸吓到了皇太后。

注释

① 梁杰明，系原文 Liang Jieming 的音译。

针孔相机

发明地：中国

时间：公元前 4 世纪

人们最开始使用针孔相机把图像投影到平面上。针孔相机的拉丁文含义是“暗室”。要想得到最佳效果，需要在暗室的墙壁上开一个小孔，然后将图像从明亮处投影到暗室里的另一面墙上。投影产生的图像是左右和上下颠倒的，因为光线穿过小孔之后会落在投影的另一边。

有人认为，早在石器时代人类就了解了这一技术。旧石器时代的岩画上绘有扭曲的动物图案，有可能是因为创作者正在勾勒岩壁上的摇摇晃晃的投影。新石器时代的建筑上有一些小洞，可能是古人受宗教欲望的启发，试图在建筑上投射太阳的影像。

在公元前第一纪的某一时期，中国的日晷通过晷针（日晷上用来产生阴影的部分）上的小孔投射太阳的影像，以此更精确地度量一天中的时间。可是，直到公元前 4 世纪才在哲学家墨子的著作中明确地出现了关于针孔相机的记载。据他描述，颠倒的图像出现在了被称为“收集点”或“宝藏室”的房间里。

人们认为古希腊人曾使用针孔投影研究日食和其他现象。比如，亚里士多德提到了这一奇妙现象：通过方形小孔产生的太阳投影还是圆形的。但是，除此之外，西方在 11 世纪前再也没有其他关于针孔相机的记载了，所以，这可能是中国人大幅领先西方人的又一个领域。

照相机暗箱通过小孔成像

数字 0

数字 0 的概念对于微积分、代数、计算以及准确地表示大数字来说至关重要。然而，将 0 作为数字使用在数学史上其实是一个比较新的想法。在公元前第三纪的某一时期，巴比伦和苏美尔文化的数字系统中出现了一种位置数的概念——意思是这种数的值取决于它的位置（就好比在两位数 12 里，1 的权重更大，因为它出现在第一位）。与其在空位填上数字（例如数字 205 中的 0），他们会留一个空格，或者用两条短横线做标记。

直到大约 5 世纪，印度数学家才开始将 0 当作一个实打实的数字。这意味着在他们的系统里，占位符可以用 0 表示。这也让表示和想象大数字变得简单得多。用希腊和罗马数字去想象一百万这样的大数字是极其麻烦的，而印度人则可以用 1 后面加上 6 个 0 来轻松表示。0 的出现革新了计算方法，并且为现在的我们在学校所学习的数学奠定了基础。

折射与光学设备

发明地：波斯

时间：10 世纪

史前因纽特人把打磨平整的海象牙当作太阳镜的替代品戴在眼睛前，保护眼睛不受烈日的灼伤——这是最早的眼镜之一。眼镜的历史实际上是从玻璃切割和吹制技术的发明（详情见第 88 页）开始的。那时的人们发现透过曲面玻璃看到的世界是扭曲的。我们曾发现看上去像镜片的古物，但是它们的放大能力很有限，有可能仅是用来汇聚太阳光生火的凸透镜。希腊剧作家阿里斯托芬在他的《云》（前 424）中提到了“可以用来点火的美丽而透明的石头”。老普林尼（23—79）提到了太阳光穿过装满水的玻璃球可以点燃布料。到了罗马时期，将镜片用作放大镜已经是为人熟知的事情。尼禄大帝[①]为了能更清楚地观赏角斗士对决，将一块抛光的翡翠摆在眼前当作望远镜。据传，他的导师塞内加在看书的时候用大玻璃碗放大书上的内容。

984 年，阿拉伯科学家伊本·萨尔的著作《可以用来生火的镜面与镜片》问世，书中详细描述了弯曲的镜面和镜片是如何折射和聚焦光线的，使得人们对这一现象的理解有了突破性的进展。这本书里提到的折射定律现在常被称为斯内尔定律（实际上更应该被称为伊本·萨尔定律）。

伊本·萨尔展示了不同形状的镜片如何在不失真的情况下聚焦光线，还讨论了椭圆镜的工作原理。在接下来的一个世纪里，威尼斯的匠人制作了“读书石”，其中就包括一种可以放在书本上的平底凸面镜。它能起到放大的作用，但不是为个人订制的。（在 12 世纪，中国的判官为了不让旁观者看到他们脸上的表情，会佩戴烟水晶[②]制成的水晶眼镜。）

私人订制的矫正眼镜最早出现于 13 世纪晚期的欧洲，最早的图像证据出自托马索·达·莫代纳[③]于 14 世纪中叶创作的画作里。在一幅画中，和尚们在写手稿时戴上了单片眼镜和夹鼻眼镜。

在 17 世纪初期，光学设备又有了新的飞跃。荷兰眼镜制造商汉斯·利伯希在 1608 年申请了一项望远镜的专利；第二年，伽利略适时地改进了原有设计，并用它来观测夜空（因此有时候伽利略也被称为望远镜的发明人）。到了 1611 年，约翰内斯·开普勒概述了通过叠加多层镜片来制作更强大的望远镜的方法，可以让天文学家对离我们最近的星体（如月亮和火星）进行非常细致的观测。

注释

① 尼禄大帝，罗马帝国第五位皇帝。

② 烟水晶，又称烟晶、茶晶或茶水晶，是一类颜色为烟灰色、烟黄、黄褐、褐色的水晶品种。

③ 托马索·达·莫代纳，意大利北部画家，活跃于14世纪50年代的波希米亚学派代表画家。

远程通信简史

早在公元前第二纪，你就可以将信从一个地方寄到另一个地方了。亚述文明有一套特别高效的系统，可以将信件、消息和款项传递到很远的地方。

☆ 最早的信鸽系统也出现在公元前 2000 年左右。苏美尔人知道鸽子可以从遥远的地方找到回家的路，并利用这一点来传递信息。

☆ 公元前 1000 年的古埃及帝国和中国有邮政系统。

☆ 在公元前 6 世纪的波斯帝国，通过骑马接力，可以在 9 天内将信件寄到 257.5 千米外的地方。这很像后来的驿马快信[①]。

☆ 长距离外卖服务最早是在 10 世纪为北非的哈里发阿齐兹设计的。他的维齐尔[②]600 只鸽子从黎巴嫩飞到开罗，每只鸽子都带着装有他最喜欢的樱桃的包裹。

☆ 在公元前5世纪，希腊剧作家埃斯库罗斯写道：“在5个世纪以前，烽火曾被用来传递特洛伊城被攻陷的消息。”

☆ 在公元前4世纪，战术家埃涅阿斯发明了一种利用火炬长距离传递加密信息的方法。

☆ 在公元前2世纪，希腊历史学家波里比阿提到了一种更复杂的旗语系统，其中使用了最早的代码或密码——发送者和接收者根据事先约定好的字母网格，通过两根火炬来表示位置。

☆ 罗马人使用波里比阿方式的变体，通过遍布帝国的堡垒里的信号站，可以在数百千米之间传递信息。

☆ 北美印第安人所使用的烟雾信号采用的是和旗语、灯塔相似的原理。当哥伦布最初登陆美洲时，这种信号就已经被使用了，但有可能它是一种几个世纪前就存在的传统方法。

注释

① 驿马快信，美国西部的邮政系统，尤指1860年至1861年密苏里州与加利福尼亚州之间运行的邮递。

② 维齐尔，伊斯兰教国家高官。

后记

探索古代发明之所以那么令人着迷，其中一个原因是它可以让你洞悉文明的兴盛与衰落。你可以想象一下，公元前第二纪的埃及人、公元前 2 世纪的雅典人或文艺复兴时期的意大利人的生活是什么样子的。在上述的任何一个时刻及数不清的其他历史时刻里，我们可以感受到。总的来说，人类历史就是一段不断前进，变得更加聪慧、更加科学和更加开明的历程。最新的发明会被当作神奇之源，但我们也能感觉到，未来会有更多这样的发明出现——科学技术会得到更加长足的发展，人类的处境也会一点点变得更好。

然而，科学技术既可以被发现，也可以被丢失。本书里提到的一些发明可能再也不会被复现了。历史有它自己的黑暗时代与灾难时刻——知识失传、人类的处境变得更差而不是更好。因此，今天的我们可否断言，现如今我们习以为常的技术在 1 000 年或更久之后还能存在？我们倾向于假设那时的我们依靠先进的能源系统和对宇宙以及亚原子物理学的更深理解，已经可以在太空中生活。

但也许事情并不会像这样发展。也许人类文明会进化成我们认不得的样子。也许在那时，关于人类，剩下的仅是一些难以置信的传闻：人类曾可以飞向月球和更远的太空，可以在一瞬间将信息传递到世界的任何一个角落，可以治愈各种疾病，可以让飞机和炸弹飞越大洋，甚至可以理解物质的构成。

让我们祈祷乌托邦版本的理想可以变为现实，反乌托邦的噩梦永远不会成真。与此同时，请环顾四周，牢记你所使用的每一种技术，从圆珠笔到纸质笔记本，再到电灯开关和打印这本书的印刷机，都曾是白日梦。我们生活的世界之所以如此神奇，正是因为有人在古代或现代发明了这些东西。对于未来，有一点是毋庸置疑的，那就是人类的创造力会不断将这个世界变得更好，或更糟。

致谢

在此，我对所有阅读了这本书的初稿并给我提供建设性反馈的人表达最诚挚的谢意——你们都知道我说的是谁，在这里我就不一一点出了。感谢迈克尔·奥马拉图书公司的每一位员工，尤其是委托我写作这本书的路易斯·迪克森和注重细节、一丝不苟的加比·内梅斯。此外，我还要特别感谢我的女儿和妻子，感谢她们耐下性子，与我一道分享精彩的历史趣闻。

——詹姆斯·M. 拉塞尔

图书在版编目（CIP）数据

神奇的发明：古人比我们更超前 /（英）詹姆斯·M. 拉塞尔著；鲁晨鹏译 . — 北京：北京时代华文书局 ,2021.5

书名原文：Plato’s Alarm Clock And Other Amazing Ancient Inventions

ISBN 978-7-5699-4132-6

Ⅰ . ①神… Ⅱ . ①詹… ②鲁… Ⅲ . ①创造发明—世界—普及读物 Ⅳ . ① N19-49

中国版本图书馆 CIP 数据核字 (2021) 第 076820 号
北京市版权局著作权合同登记号 图字：01-2018-8381 号

神奇的发明：古人比我们更超前

SHENQI DE FAMING GUREN BI WOMEN GENG CHAOQIAN

著　　者 | [英] 詹姆斯 · M. 拉塞尔
译　　者 | 鲁晨鹏

出 版 人 | 陈　涛
责任编辑 | 余　玲
执行编辑 | 余荣才
责任校对 | 张彦翔
装帧设计 | 私书坊 _ 刘 俊　张俊香　迟　稳
责任印制 | 訾　敬

出版发行 | 北京时代华文书局 http://www.bjsdsj.com.cn
北京市东城区安定门外大街 138 号皇城国际大厦 A 座 8 楼
邮编：100011　电话：010 - 64267955　64267677
印　　刷 | 河北京平诚乾印刷有限公司 010-60247905
（如发现印装质量问题，请与印刷厂联系调换）
开　　本 | 710mm×1000mm 1/16　　印　　张 | 13　　字　　数 | 125 千字
版　　次 | 2021 年 7 月第 1 版　　印　　次 | 2021 年 7 月第 1 次印刷
书　　号 | ISBN 978-7-5699-4132-6
定　　价 | 48.00 元